ROGER RANKEL

DIE GEHEIMNISSE DER
UMSATZ**VERDOPPLER**

So machen auch Sie mehr aus Ihrem Geschäft.

Bibliografische Information der Deutschen Nationalbibliothek

Die Deutsche Nationalbibliothek verzeichnet diese Publikation in der Deutschen Nationalbibliografie; detaillierte bibliografische Daten sind im Internet über http://dnb.d-nb.de abrufbar.

ISBN 978-3-86936-748-4

Programmleitung: Dr. Sandra Krebs

Lektorat: Ulrike Hollmann, Hambergen

Fotos: siehe Quellenverzeichnis S. 190

Umschlaggestaltung: ARTVERTISEMENT®

Satz und Layout: ARTVERTISEMENT®

Druck und Bindung: Salzland Druck, Staßfurt

© 2017 GABAL Verlag, Offenbach

www.gabal-verlag.de

www.twitter.com/gabalbuecher

www.facebook.com/Gabalbuecher

www.roger-rankel.de

Inhalt

Viertes Geheimnis

Fünftes Geheimnis

Neuntes Geheimnis

Als Extra-Service für Sie haben wir eine eigene Landingpage eingerichtet.
Dort finden Sie weiterführende Informationen, praktische Anwendungstipps und vieles mehr von
Umsatzverdopplern für Umsatzverdoppler und alle, die es mit diesem Buch werden sollen.
Achten Sie auf dieses Symbol – und besuchen Sie uns auf der Website:
www.roger-rankel.de/downloads-zum-buch

Einscannen & profitieren
DOWNLOADS
zum Buch

Herzlichen Dank

Cornelia Emilian

für die tolle Verschriftung dieses Buches.

André Weimar

für das Hammer-Layout und für die Hammer-Fotos – Weltklasse!

Ursula Rosengart

für das unkomplizierte Umsetzen unseres 5. GABAL-Buches.

Angelika Schilcher

meiner Lebenspartnerin, für die unendliche liebevolle Unterstützung.

… und meiner Tochter Viktoria

für die tollen Inspirationen und interessanten Sichtweisen. Bist die Beste!

Herzlichen Glückwunsch

Sie halten das richtige Buch in den Händen, um mehr aus Ihrem Geschäft zu machen. Vor Ihnen liegen „Die Geheimnisse der Umsatzverdoppler".

Bewährte Geheimnisse, die auch Ihren Umsatz massiv steigern oder idealerweise verdoppeln, so wie es der Titel des Buches verspricht. Sie dürfen gespannt sein auf ein Feuerwerk an zündenden Ideen, erprobten Strategien, überraschenden Tipps und vielen Best-Practice-Beispielen. Denn ich verrate sie Ihnen alle.

Zur Einstimmung möchte ich Ihnen gleich mein allergrößtes Geheimnis offenbaren:

Als junger Kerl, gerade 17, kam ich zusammen mit einem Freund auf die verrückte Idee, eine Blind-Date-Agentur zu gründen. Für den Eigenbedarf ☺. Wir pickten uns die Sahnestückchen heraus – und merkten schnell, dass unser schlaues „Geschäftsmodell" super einschlug und gut „Kohle" brachte ...

Mein Unternehmerherz fing an zu schlagen und ich hatte Blut geleckt an *gut funktionierendem Marketing*.

Seitdem habe ich mich genau diesem Thema verschrieben: „Marketing, Vertrieb, Verkauf, verkaufen – und vor allem clever verkaufen".

Ich gründete dann meine erste richtige Firma, räumte damit einen Preis nach dem anderen ab, verkaufte diese nach 10 Jahren, begab mich auf Weltreise und fing an, mein erstes Buch zu schreiben.

Seit dieser Zeit blicke ich mit großer Neugierde und Leidenschaft hinter die Kulissen der Umsatzkönner. Stets mit dem Ziel, die Geheimnisse der Besten unter den Besten zu entschlüsseln. Um wertvolle Erkenntnisse zu gewinnen. Um herauszufinden, was die, die an der Spitze stehen, anders machen, besser machen.

Nicht nur Topmanager, Internetmillionäre, Unternehmer, Spitzenpolitiker und international bekannte Sportlerlegenden standen mir in vielen interessanten Gesprächen Rede und Antwort, sondern auch der erfolgreiche Gemüsemann an der Ecke, ein Eisverkäufer von Capri, ein Malermeister vom Starnberger See und durchaus illustre Personen wie der Berliner Promi-Friseur Udo Walz.

Bei allen diesen Begegnungen begeisterte mich die Tatsache, dass ich jedem Einzelnen für seine jeweilige Situation die ein oder andere „zusätzliche" Idee liefern konnte. Sicherlich eine Eigenschaft, die auch den Teilnehmern und Gesprächspartnern meiner Vorträge und Beratungen zugutekommt: Marketing alltagstauglich zu machen.

In den letzten 15 Jahren als Verkaufstrainer konnte ich so mehr als 400 Unternehmen zu mehr Umsatz verhelfen. Darunter auch Weltmarktführer und Mittelständler in der vierten Generation. Ich durfte über 300.000 Teilnehmer im gesamten deutschsprachigen Raum schulen und werde von der Presse als „der Begründer des modernen Verkaufens" gelobt. Diese Erfolge sind für mich Ansporn, Antrieb und Verpflichtung zugleich. Wer mich bucht, kann sagen: „Es hat sich gelohnt!"

Dazu ein Beispiel aus der Praxis und zurück zu Udo Walz. Auch er nimmt ja in den Charts seiner Branche einen Spitzenplatz ein und hat es längst zu einer echten Marke gebracht.

Als ich mich mit ihm traf, besaß Udo Walz direkt am Berliner Kurfürstendamm zwei Friseursalons. Besser gesagt einen am Ku'damm und einen direkt um die Ecke in der Knesebeckstraße.

Und genau dazwischen hatte sich gerade ein Kollege mit einem weiteren, also dritten Friseurladen breitgemacht.

In unserem Gespräch beklagte Walz die „freche Konkurrenz" und erzählte mir von dessen Plakat im Schaufenster mit der Aufschrift „Wir sind 5 € günstiger". Ganz klar, eine deutliche Anspielung auf die beiden Walz-Läden.

Nun gut, als „Marketingexperte" musste ich Udo Walz natürlich eine echt gute Lösung für diese Situation liefern. Gedacht, gelungen!

Als Antwort auf den frechen Spruch des Konkurrenten „Wir sind 5 € günstiger", prangte wenige Tage später bei Walz die Botschaft:

„… und wir bringen Ihre Haare wieder in Ordnung."

Die Folge:

Eine riesige Sympathie-Welle seiner Kunden. Und auch vieler Kunden der Konkurrenz, zudem tolle Publicity. Was will man mehr!?

Kurzum: Es kommt im Leben nicht darauf an, welche Karten du zugeteilt bekommst, sondern wie du damit spielst!

Klar, die Karte war blöd. Da macht sich ein dritter Laden breit – und wird auch noch frech. Klar, man hätte auch resignieren können. Oder – und dafür haben wir uns entschieden – man akzeptiert die Situation und macht etwas daraus. Und zwar etwas Gutes ☺.

Lassen Sie uns diese Erkenntnis als Grundregel für alles Weitere nehmen. Lassen Sie uns aufhören, ständig zu erklären, warum etwas nicht geht. Warum etwas so schwierig ist. Warum etwas schlecht ist. Warum die Karte so blöd ist.

Lassen Sie uns lieber Situationen annehmen und die Karte besser ausspielen. Und ich verspreche Ihnen, dass Sie in diesem Buch viele Anregungen dazu finden, sogar aus viel Umsatz noch mehr Umsatz zu machen.

Starten wir dieses Vorhaben mit einem kleinen Experiment:
Setzen Sie sich dazu einmal bequem hin …

Wenn es Ihnen wie den meisten geht, haben Sie Ihre Sitzposition jetzt leicht korrigiert. Warum? Saßen Sie vorher nicht bequem? Was ich Ihnen damit sagen möchte: Erst wenn Sie darauf aufmerksam gemacht werden, etwas zu optimieren, machen Sie das auch.

Also, packen wir es an und optimieren wir Ihr Geschäft.
Ihr

Schnellstart

Ein gutes Buch ist nur so gut wie die konsequente Umsetzung seiner Leser. Deshalb möchte ich Ihnen zu Beginn ein paar Spielregeln vorschlagen. Bewährte Tipps, die Ihre Erfolgsquote zielsicher erhöhen.

Verwerten statt bewerten

Sie finden in diesem Buch viele Beispiele, Anregungen und Erfahrungen. Aber nicht jede Überlegung wird Ihrer ganz persönlichen Vorstellung entsprechen oder gar eins zu eins auf Ihr Geschäft umzusetzen sein. Trotzdem sollten Sie nicht alles sofort bewerten und mit einem vorschnellen gedanklichen „Like" oder „Don't Like" versehen. Fragen Sie sich stattdessen immer: Wie könnte ich genau diesen Punkt für mich und mein Geschäft verwerten? Wie könnte ich genau aus dieser Strategie einen Nutzen für mich herausziehen? Meine Empfehlung: Setzen Sie sich gerade mit den Themen intensiv auseinander, die anfangs den größten Widerstand bei Ihnen hervorrufen.

Können statt kennen

Nicht alles in diesem Buch ist gänzlich neu. Vieles wird nur aus einer anderen Sicht betrachtet. Vieles ist dem neuen Zeitgeist oder dem veränderten Kaufverhalten angepasst. Der Kunde von heute ist eine Diva: verwöhnt, begehrt, leicht zickig, und doch … leicht verführbar. Aber welche Register müssen Sie ziehen, um diesen vielleicht nicht immer ganz treuen Kunden auch wirklich zu verführen? Das durch und durch zu verstehen, das zu beherrschen, das zu können, ist das Ziel dieses Buches. Also: Schieben Sie, was Sie im Ansatz schon einmal irgendwo gehört haben, nicht einfach auf die Seite. Sondern: Setzen Sie sich völlig neu und unvoreingenommen damit auseinander.

Kopieren statt kapieren

Dieses Buch ist vollgespickt mit Beispielen. Allerdings haben es nur die Ideen und Tipps hineingeschafft, die den harten Test der Praxis auch wirklich bestanden haben. Aber: Jeder einzelne Punkt wurde genau für die jeweilige Situation entwickelt. Machen Sie es sich also bitte nicht zu leicht und kopieren einfach die eine oder andere geniale Überlegung. Sondern: Machen Sie sich die Mühe und leiten Sie aus diesen Impulsen ganz neue und raffinierte Tricks und Kniffe ab. Denn: Erst wenn Sie den dahinterstehenden Sinn erkannt, kapiert haben, können Sie ihn für Ihr Geschäft passend machen und universell einsetzen. Dieses Wissen verleiht Ihnen in den nächsten Jahren ungeahnte Potenziale. Potenziale in ungeahnten Umsatzdimensionen. Versprochen!

Selbstsicher statt zögerlich

Wenn Sie nachts durch anrüchige Straßen gehen, tun Sie das bitte mit entschlossenem Schritt und in aufrechter Haltung. Eine leicht nachvollziehbare kriminologische Erkenntnis besagt: Unsicher wirkende Menschen werden leichter zum Opfer eines Verbrechens als selbstsichere. Es muss einen in der Wahrnehmung subtilen, aber im Ergebnis handfesten Unterschied zwischen Zögerlichkeit und Sicherheit geben. Und genau diesen Unterschied gibt es auch im Verkauf: Der Kunde spürt, wenn Sie nicht ganz hinter dem Produkt stehen. Aber er spürt auch, wenn die angewandte Verkaufsstrategie nicht aufgesetzt ist.

Also: Machen Sie das, was Sie sich vornehmen, zu 100 Prozent.

Entschlossen und selbstsicher.

Nur dann kommen Sie auch sicher an Ihr Ziel.

UNTER UNS...

Als ich als „junger Wilder" eine kurze Kampfsportphase einlegte, nahm mich mein Trainer und Großmeister zu Beginn auf die Seite und sagte:
„Pass auf, Roger, du wirst jetzt in eine Technik eingeweiht, die dir Macht verschafft. Und mit dieser Macht muss man umgehen können."

Mit diesem Buch weihe ich Sie, lieber Leser, in Geheimnisse ein, die Ihnen auch eine Art Macht an die Hand geben. Wenden Sie deshalb die in diesem Buch beschriebenen Techniken immer nur im Sinne einer echten Win-win-Situation an. Also auch im Sinne und zum Vorteil des Kunden. So wie es mein Großmeister seinerzeit mit mir getan hat, möchte ich Ihnen hier ans Herz legen:
Gehen Sie sehr bedacht und überlegt mit dieser Macht um.

Erstes Geheimnis

Gegen jede Regel – anders gedacht, besser gemacht

Was macht eine Diät wirklich erfolgreich? Cheat Days! Ein regelmäßig eingebauter Regelbruch. Und der geht so: Sie essen sechs Tage lang streng nach Plan. Am 7. Tag schummeln Sie (= to cheat) und schlemmen, wonach es Sie gelüstet – Pizza, Pasta, Schokolade. Danach diäten Sie weiter. Ein Trick, der tatsächlich funktioniert.

Die simple Erklärung: Langfristiger Verzicht auf Kohlenhydrate bremst den Stoffwechsel und damit die Fettverbrennung aus. Die Diät wirkt weniger effektiv. Erst die regelwidrigen Cheat Days kurbeln den kurzfristig irritierten Stoffwechsel neu an. Die Fortschritte erhöhen sich wieder – Ihre Motivation und gute Laune auch.

Regeln zu brechen, bringt auch Anhalter schneller ans Ziel. Wer per Autostopp clever eine Mitfahrgelegenheit sucht, stellt sich nicht in Fahrtrichtung, sondern auf die andere Straßenseite. Der Überraschungseffekt punktet. Denn so ist die Wahrscheinlichkeit höher, dass ein Autofahrer anhält, um auf den „Fehler" hinzuweisen. Die beste Gelegenheit für den Anhalter, zu fragen, ob der Fahrer ihn mitnimmt ☺. Schlau. Anders gedacht, besser gemacht. All das und vieles mehr werden Sie im folgenden Kapitel lesen. Brechen Sie an der einen oder anderen Stelle bewusst die Regeln, um Erfolge zu verbuchen.

Also: Zurück zum Geschäft und ran an Ihren cleveren Regelbruch, der Ihren Umsatz verdoppeln soll! Zum Einstieg eine Gesetzmäßigkeit, die allem, was im Leben entsteht, unterliegt.

Denn man muss ja die Regeln erst kennen, um sie zu brechen!

DIE GRUNDREGEL

Am Anfang macht man sich Gedanken zu einem bestimmten Thema. Beispiel: Sie haben sich beruflich etabliert, eine Familie gegründet, etwas Eigenkapital gespart, ein ideales Plätzchen gefunden … Dann könnte der GEDANKE kommen, sich ein Eigenheim zuzulegen. Danach folgt das WORT. Denn Sie besprechen diesen Gedanken mit Ihrer Familie, mit Freunden, mit Ihrem Finanzberater oder der Bank – und in der Folge mit dem Bauamt oder dem Architekten, wenn es um einen Neubau geht. Nach diesen Worten schreiten Sie zur TAT bzw. zu Taten. Pläne werden erstellt und genehmigt. Bagger rollen an. Ihr Haus wird gebaut. Sie feiern Richtfest, ziehen ein und leben in Ihrem Haus. Dies ist das RESULTAT des ursprünglichen Gedankens.

Übrigens ist das auch Ihr Wegweiser durch dieses Buch:

Die GEDANKEN, Ihr richtiges Mindset, die Gewinnerstrategien im Kopf sind Mittelpunkt des ersten Buchteils.

Im zweiten Teil des Buches spielt das WORT die Hauptrolle, die Kraft der Sprache und Betonung, die Verpackung Ihrer Messages.

Im dritten Teil schreiten wir zur TAT, zu genialen Handlungen, cleveren Verkaufstricks.

Im vierten Teil geht es um das RESULTAT, also um echte Umsatzverdoppelung.

So weit, so gut. Unternehmer und Verkäufer wollen allerdings von Natur aus sehr schnelle Resultate wie Umsätze, positive Ergebnisse – und stürzen sich deshalb oft im Eiltempo in die Arbeit, an die Tat.

Wenige schaffen es, zuerst innezuhalten, sich gründliche, konstruktive Gedanken zu machen, weil sie ja auf schnelle Resultate aus sind. Viel besser ist es jedoch, sich auf den Grundsatz aus dem Zeitmanagement zu besinnen: Doppelte Planungszeit ist halbe Ausführungszeit!

Also, lassen Sie sich Zeit! Beginnen Sie noch einmal von vorne bei dem Gedanken – und denken Sie um. Reagieren Sie nicht wie in dem eingangs erwähnten Udo-Walz-Beispiel: „Das ist ja blöd, dass sich da ein dritter Friseurladen breitmacht …"

Umdenken heißt also das Stichwort. Denn das ist der Schlüssel zu einem wirklich guten Resultat. Mit konstruktiven Gedanken kamen mir dann auch die richtigen Worte, um das Udo-Walz-Problem zu lösen: „Und wir bringen Ihre Haare wieder in Ordnung." Die von mir vorgeschlagene Tat wurde von Udo Walz umgesetzt und das Resultat konnte sich wie beschrieben sehen lassen. Vieles, was Sie also in diesem Buch lesen werden, ist anders, mutiger! Vieles, was Sie lesen werden, wurde „umgedacht", mit anderen Worten versehen, anders in die Tat umgesetzt. Immer mit dem Ziel, Ihren Umsatz zu verdoppeln.

1.1 Die Sinn-Suche

Vielleicht kennen Sie in diesem Zusammenhang die Geschichte von dem Apfelbauern, dessen Ernte durch einen Hagelscha-den beschädigt wurde. Nach seiner ersten Wut, Resignation und Enttäuschung kam er plötzlich auf eine ziemlich glorreiche Idee. Er legte bei der Auslieferung seiner Äpfel handgeschriebe Karten mit folgendem Text in die Obstkisten:

„Liebe Kunden. Diese Äpfel wachsen in höheren Bergregionen, wo es zu plötzlichen Wetterumschwüngen und Kälteeinbrüchen kommen kann. Dies bringt den unvergleichbaren Geschmack. So ist auch starker Regen oder Hagel keine Seltenheit und auf Ihren Äpfeln als ein Zeichen für ein besonderes Naturprodukt zu sehen. Lassen Sie es sich also herzhaft gut schmecken. Ihr Apfelbauer"

Der Apfelbauer brauchte also gar nicht viel, um aus der Not eine Tugend zu machen und sein Geschäft anzukurbeln. Der Erzählung nach wurde er seit dieser Zeit oftmals nach Äpfeln mit dieser „Besonderheit" gefragt …

Viele Menschen denken immer nur in der Kategorie: „Gewinn oder Verlust". Ich habe mir diesen Gedanken umgemünzt – und denke lieber: „Gewinn oder Sinn". Entweder der Gewinn ist offensichtlich da – oder aber nicht. Dann werte ich das in meinen Augen nicht als Verlust (wie der mittlere Laden bei Udo Walz, die verhagelte Ernte des Apfelbauern), sondern sehe auch darin einen Sinn. Wenn ich den Verlust als Sinn erkenne und das Problem in eine neue Chance umdenke, entwickele ich Potenziale, die mir vorher verborgen waren.

Also, wann immer es etwas gibt, bei dem Sie auf den ersten Blick nicht auf der GEWINNerseite stehen, denken Sie um. Machen Sie etwas Cleveres daraus, sodass der SINN Sie und andere schmunzeln lässt – und Umsatz Ihre Kassen füllt. Sie sehen, das ganze Geheimnis vieler Umsatzverdoppler steckt unter anderem darin, dem Sinn und damit manchmal auch dem Gegenteil davon mehr Aufmerksamkeit zu schenken.

...ebe Kunden.

Diese Äpfel wachsen in höheren Bergregionen, wo es zu plötzlichen Wetterumschwüngen und Kälteeinbrüchen kommen kann. Dies bringt den unvergleichbaren Geschmack. So ist auch starker Regen oder Hagel keine Seltenheit und auf Ihren Äpfeln als ein Zeichen für ein besonderes Naturprodukt zu sehen.

Sie es sich also herzhaft gut schmecken.

1.2 Via negativa

Michelangelo wurde bei der Enthüllung seines Davids 1504 gefragt, wie er es geschafft habe, die beeindruckende Statue aus einem Marmorblock zu erschaffen. Darauf der Künstler laut Überlieferung: „Ich habe alles, was nicht zu David gehört, weggeschlagen." Ähnlich pointiert sah auch Mark Twain seine Fähigkeiten als großartiger Schriftsteller: „Schreiben ist leicht. Man muss nur die falschen Wörter weglassen."

Seien wir ehrlich. Wir wissen nicht mit Sicherheit, was uns erfolgreich macht. Wir wissen nicht mit Sicherheit, was uns glücklich macht. Aber wir wissen mit Sicherheit, was Erfolg und Glück zerstört. Diese Erkenntnis, so einfach sie auch klingt, ist fundamental.

Diese Überlegung wird auch „Via negativa" genannt und drückt einen Gedanken aus, der gerade zu Beginn des Buches überaus wichtig ist – noch bevor Sie meine Anregungen und Tipps bekommen. Lassen Sie alles weg, was Ihnen nicht nachweislich den gewünschten Erfolg bringt. Nehmen Sie sich die Zeit, jede einzelne und vor allem wiederkehrende Aufgabe und jeden Baustein auf den Prüfstand zu stellen. Und verzichten Sie in Zukunft auf Unwesentliches. Konzentrieren Sie sich im ersten Schritt nicht auf David, sondern auf alles, was nicht David ist – und räumen Sie es weg. Halten Sie es mit dem Sprichwort: Wer aufsteigen will, muss Ballast abwerfen. Denn weniger ist in Ihrem Tagesgeschäft mehr.

Auch wenn es Mut kostet, sich von Gewohnheiten zu verabschieden, das gute Gefühl vermeintlich notwendiger „To-dos" über Bord zu werfen: Blinder Aktionismus aufgrund dieser alten Vorstellungen bringt Sie oftmals auf eine falsche Fährte. Viele machen es trotzdem. Weil es leichter ist, weil wir darauf konditioniert sind, eher noch eine Schippe draufzulegen, das eine oder andere dazuzunehmen, um auf Nummer sicher zu gehen. Etwas wegzulassen, Dinge zu streichen, fällt uns dagegen sehr schwer. Aber es lohnt sich!

„Wenn das Fett weg ist, kommt der Muskel."

Auch ich mache mir diese Art der „kreativen Zerstörung" in regelmäßigen Abstände zunutze: Obwohl viele denken mögen, als Vortragssprecher bräuchte ich unbedingt eine PowerPoint-Präsentation, verzichte ich ganz bewusst darauf. So bekomme ich von meinem Publikum eine ganz andere Aufmerksamkeit, und es vergeht kaum ein Vortrag, bei dem mir das nicht positiv quittiert wird.

Oft finden Auftraggeber und Veranstalter es irritierend, wenn ich in Vorgesprächen betone, dass ich mich als echten „Sprechberufler" verstehe und bei mir das gesprochene Wort zählt. Ich bin eben kein Freund von diesem „betreuten Vorlesen" und verzichte deshalb auf eine Präsentation. Und sollten Sie trotzdem auf einem meiner Vorträge ab und zu ein gebeamtes Hintergrundbild sehen, passiert das auf Wunsch des Veranstalters …

Natürlich ist es etwas anspruchsvoller, alles aus dem Stegreif wiederzugeben. Aber es ist auch – und darum geht es mir – wirkungsvoller. Ganz nebenbei bemerkt, bin ich deshalb auch der einzige Sprecher, der nie ein technisches Problem haben kann.

Sie sehen, das ist mein Verständnis von „Via negativa". Also immer zu überlegen: „Brauche ich das wirklich?" Und wenn nicht: weglassen! Das erfordert Mut und Konsequenz genauso wie Differenzierung. Denn ich will damit nicht sagen, PowerPoint-Präsentationen sind grundsätzlich schlecht. Im Gegenteil, je nach Thema und Inhalt mag das bei vielen nicht anders gehen. Aber ich für mich habe beschlossen, es anders zu machen. Besser, wie ich ganz persönlich finde.

Überlegen Sie also, worauf Sie großzügig verzichten können. Was brauchen Sie nicht wirklich, obwohl „man" es vielleicht von Ihnen erwartet? Was wäre etwas, dass sogar eine positive Reaktion oder zumindest eine erwartungsvolle Irritation mit sich bringen würde, wenn Sie darauf verzichten? Drehen Sie jeden Stein um und haben Sie den Mut, alles wegzulassen, was Ihnen nicht wirklich den gewünschten Erfolg oder Effekt bringt.

DAS LEISTUNGSVERSPRECHEN

Obwohl von vielen gering geschätzt, geht es nicht ohne ein klares Leistungsversprechen. Sachbücher beispielsweise werden dann zu Bestsellern, wenn Sie dieses Versprechen schon im Titel ankündigen, so wie bei meinem ersten Buch zum Thema Empfehlungsmarketing ENDLICH EMPFEHLUNGEN. Das Wort endlich signalisiert: So klappt es definitiv. Bald haben Sie, was Sie für ein besseres Geschäft dringend brauchen. Auch mit Zahlen kombinierte Buchtitel machen die Leistung für den Interessenten greifbarer.

Beispiel: Mein kleines Buch vom großen Verkauf mit dem Untertitel „99 Tipps für mehr Umsatz". Neben guten und seriösen Leistungsversprechen gibt es auch weniger seriöse, die ihrer Aussage nicht gerecht werden.

Hier einige Titel, die von der Aussage her wirklich gut funktionieren:

- Ihre erste Million in 7 Jahren
- Zeitmanagement für Faule
- Schlank im Schlaf
- I make you sexy

Denn die elementare Frage jedes Kunden ist: Was bringt es mir? Und der Kunde von heute will am liebsten ein großes Leistungsversprechen hören und dieses mit minimalem Aufwand erreichen, wie eben „Schlank im Schlaf". Also, was ist IHR Leistungsversprechen?

Ein Beispiel aus meinem Alltag:
Ein internationales Kosmetikunternehmen hatte mich für eine Veranstaltung gebucht. Auf der ersten Mailing-Einladung stand lediglich das Thema. Mehr nicht. Resonanz: Nur 72 Anmeldungen (Pillepalle für ein so großes Unternehmen). Ich nahm die Sache daraufhin selbst in die Hand. In einem zweiten Mailing stellte ich den Nutzen heraus.

> 12 wirksame Tipps für Ihren Produktverkauf in der Kabine
Das Leistungsversprechen war jetzt klar definiert. Resonanz: **253 weitere Anmeldungen!**

1.3 Die Positionierung

Im nächsten Schritt ist zu analysieren, was denn wirklich wirkungsvoll ist. Im Klartext: Womit erzielen Sie den größten Effekt!? Sobald Sie das identifiziert haben, sollten Sie überlegen, ob und wie Sie diesen Effekt noch verstärken. Noch mehr fokussieren. Das Gute noch besser machen. Das Bessere noch weiter zuspitzen. Denn, wie gesagt, „weniger ist mehr" und Konzentration auf das Wesentliche besser als die Verzettelung in zu vielen Bereichen.

Fassen wir die ersten beiden Gedanken zusammen: Machen Sie sich frei von allem, was Ihnen nicht nachweislich den gewünschten Erfolg bringt. Und machen Sie das, was ohnehin gut läuft, noch besser! Haben Sie den Mut, Gutes noch zuzuspitzen und Stärke weiter zu verstärken. Erarbeiten Sie sich damit eine Positionierung, die besser nicht sein könnte.

Dazu eines meiner Best-Practice-Paradebespiele zum Thema Positionierung: In Baden-Baden, direkt unter den schicken Arkaden am Casino, gibt es den Juwelier Hutschenreuter. Das Interieur, das Ambiente, der internationale Kundenkreis und vor allem die superedlen, handgefertigten Schmuckstücke sind wahre Schätze. Schön und gut. Der echte Durchbruch kam, als Hutschenreuter dem Ganzen die Krone aufsetzte. Er begann, den Kunden zu versichern, dass jedes Stück ein Einzelstück ist. Seine Kunden können also in dem Genuss schwelgen, ein absolutes Schmuck-Unikat zu besitzen.

Hutschenreuter hat sich damit hervorragend positioniert – und dieses Besondere noch besser gemacht: Jedes Stück wird individualisiert und mit dem Zertifikat übergeben. Starkes Stück! Im wahrsten Sinne des Wortes. Hutschenreuter drückt damit seinen Werken den Stempel „interessant und spannend" auf. Und genau darum geht es.

Die Frage an Sie: Wie spannend sind Sie als Dienstleister? Wie spannend ist Ihr Produkt? Worin liegt das Besondere, das Einzigartige?

Wie groß ist der Spannungsbogen zwischen „kennt man schon" und „ das ist ja kaum zu glauben"?

Berühmt für ihren „Wow"- und Promi-Status ist die Münchener Diskothek P1 am Englischen Garten.

Seit über 40 Jahren feiern hier Stars wie die Spieler des FC Bayern, Teenie-Ikone Justin Bieber und viele mehr. Einer der P1-Gesellschafter ist Feinkostkönig, Promi-Gastronom und Wies'n-Wirt Michael Käfer. Aus gut informierten Kreisen habe ich erfahren, dass der begehrte Klub bereits seit Jahrzehnten die wirtschaftlich erfolgreichste Diskothek Europas ist.

Erst danach kommen Klub-Giganten wie das Gilda in Rom oder das Jimmy'z in Monte-Carlo. Im P1 oder besser noch im „Oanser", wie der Kenner gerne sagt, wird also richtig Geld verdient.

Dabei gibt es nur eine einzige, höchst ungewöhnliche Marketingregel, die jede gängige Regel bricht: Es müssen mehr Leute draußen stehen als drinnen sind. „In" ist also, wer drin ist. Jetzt denken Sie vielleicht: Schön blöd, wer das mit sich machen lässt ... Aber darum geht es gar nicht. Der Effekt bestimmt den Erfolg.

Durch die „härteste Türe Deutschlands", mit Türstehern, die KULT sind, hat das P1 über Jahrzehnte diese extreme Begehrlichkeit geschaffen. Und genau das meinte ich mir spannend. Denn alle, die es hineinschaffen, werden nicht für fünf Euro den ganzen Abend an einer Cola schlürfen, sondern ordentlich „die Sau rauslassen". Hand aufs Herz, viele würden die Club-Türen vermutlich ganz weit aufmachen, weil dann ja viele, viele reinkommen und für immensen Umsatz sorgen ...

Einige Tage. Aber danach wäre der Laden eben nicht mehr spannend genug und nicht mehr dauerhaft voll.

Das P1 ist voll.
Dauerhaft.
Jeden Tag, auch unter der Woche.

Tappen Sie also nicht in die Denkfalle und sehen Sie nicht nur die Momentaufnahme: Da werden Gäste abgewiesen. Machen Sie sich, machen Sie Ihr Produkt spannend. Sehen Sie das große Ganze. Brechen Sie im positiven Sinn herkömmliche Regeln. Denken Sie um. Verschaffen Sie sich Vorteile, indem Sie etwas etwas anders machen …

Und denken Sie auf Ihrem Weg zum Umsatzverdoppler immer daran: Wer etwas Neues, Ungewohntes wagt, wird anfangs meist belächelt, dann bekämpft und schließlich bewundert. Einer der Größten kann genau das wie kein anderer bestätigen: Arnold Schwarzenegger. Kaum einer wurde mehr belächelt, kaum einer wurde im Wettstreit und verbal mehr bekämpft, kaum einer wird für seinen beispiellosen Erfolgsweg vom armen, österreichischen Arbeiterkind zum US-Millionär mehr bewundert. Eines seiner Geheimnisse: „Meide den Freeway zur Stoßzeit. Geh nicht Samstagabend ins Kino."

Noch deutlicher: „Wenn jemand sagt, das niemand zuvor das getan hat, dann bin ich eben der Erste, der es tut." Er hat es immer wieder getan, immer Neues angepackt, vieles anders, „gegen die Regel" gemacht. Konsequent – belächelt hin oder her. Das Ergebnis ist zumindest zum Teil bekannt: Als fünffacher Mister Universum und siebenfacher Mister Olympia erfolgreichster Bodybuilder, Hollywoodstar mit steirischem Akzent, 38. Gouverneur Kaliforniens, Immobilien-Mogul, Inhaber einer Restaurant-Kette, Großinvestor mit Anteilen an Weltmarken wie Starbucks, Coca-Cola und und und. Geschätztes Vermögen: 300 Millionen Dollar.

PSSSSST …

Um mit „Arnies" Worten in das nächste Kapitel zu starten: „Forget the old way, we have to go a new way."

„ *Lieber Roger, in den letzten zwölf Monaten habe ich 40 Neukunden gewonnen und meinen Umsatz um 59 Prozent gesteigert. Vielen Dank für Deine Inspiration! Es funktioniert, wenn man sich an Deine Ideen hält.* "

Sandra Richter, Vermögensberaterin

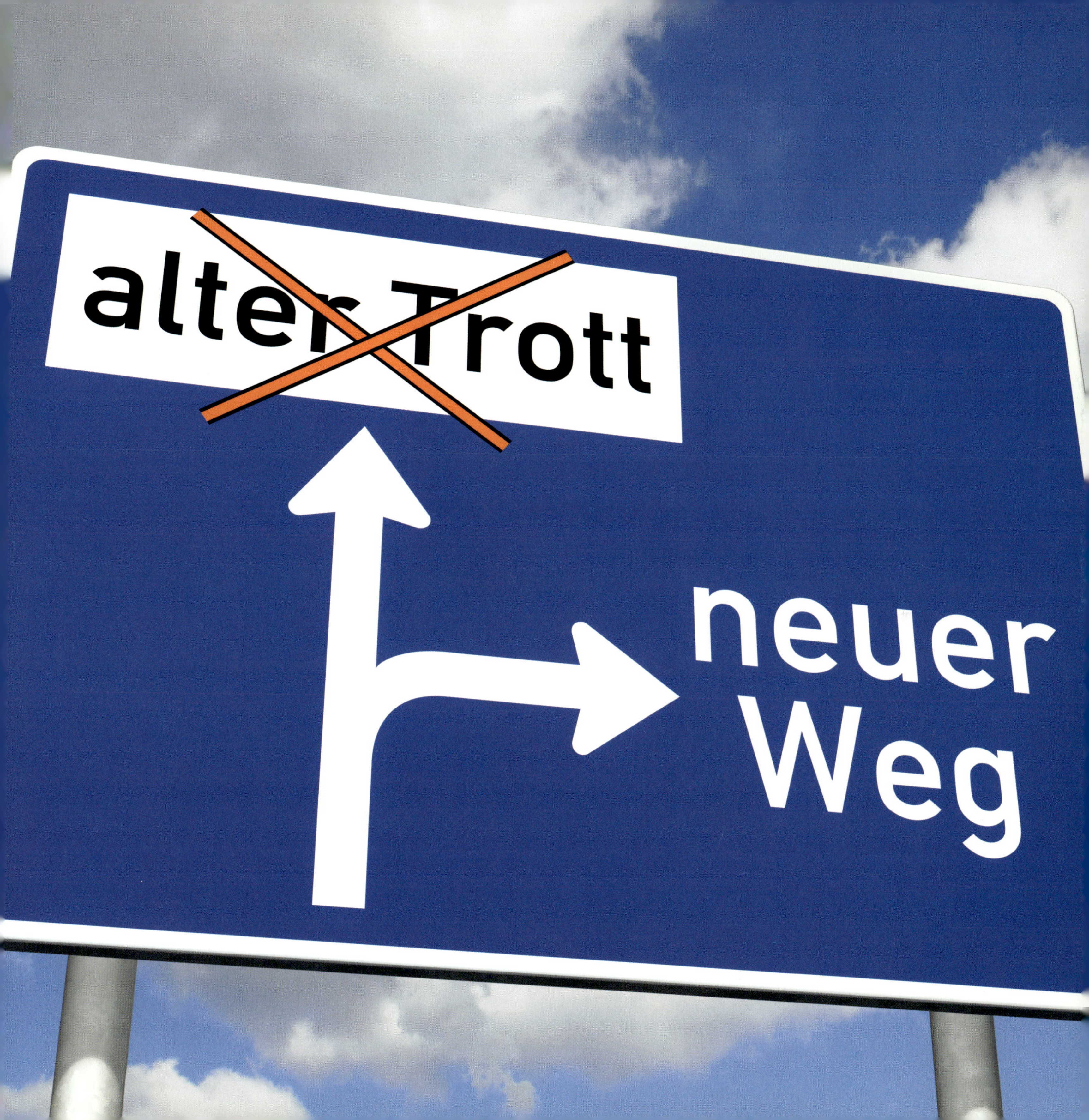
alter Trott
neuer
Weg

Zweites Geheimnis

Lösungen zweiter Ordnung – mutige Alternativen, Mega-Erfolge

Jetzt geht es um die Wurst. Stichwort rote Mühle. Richtig. Die Rede ist von Rügenwalder. Das Familienunternehmen aus Niedersachsen mit eben dieser Mühle als Markenzeichen gehört zu den umsatzstärksten deutschen Fleischwarenherstellern. Und jetzt raten Sie mal, welche Teewurst von Rügenwalder die beliebteste ist? Kaum zu glauben, aber wahr: die Veggie-Variante! Also genau die Sorte, in der gar keine Wurst enthalten ist. Verrückt. Doch wer sagt, dass Wurst immer aus Fleisch sein muss? Wer sagt, dass ein bisher gut laufendes Geschäftsmodell auch das Beste für wesentlich mehr Umsatz sein muss?

Die Rügenwalder Produktentwickler haben diese Gedanken im wahrsten Sinne des Wortes ver-rückt – und fleischlose Teewurst zu ihrem Verkaufsrenner gemacht. Durch die knallharte Orientierung an Bedarf und Nachfrage der Konsumenten kam der ohnehin gut positionierte Fleischwarenhersteller auch bei Vegetariern und Veganern supergut an. Das Gute wurde noch besser. Das Bessere zugespitzt. Auch wenn diese Produkteinführung vor zwei Jahren sehr mutig war, hat sie sich mehr als ausgezahlt. Rügenwalder ist in dieser Lebensmittelsparte inzwischen Branchenführer, so heißt es. Wichtigste Voraussetzung: sich von konventionellen Sichtweisen zu lösen. Das meiste Eiweiß steckt im Eigelb, das größte Potenzial bei der Fleischherstellung in fleischlosen Sorten. Das erfordert einen anderen Blick. Das erfordert das Geheimnis des „Umdenkens".

Denken Sie also „um die Ecke", halten Sie Ausschau nach Lösungen zweiter Ordnung. Das heißt: Greift eine konventionelle Lösung nicht, sind herkömmliche Pfade ausgetreten, wechseln Sie das Spielfeld und wählen Sie diese Form des Denkens. Manche sprechen von Lösungen zweiter Ordnung. Die Steigerung dazu ist die dritte Alternative.

2.1 Die dritte Alternative

Dazu ein „pfundiges" Beispiel, das jede Menge Überlegungsstoff liefert. Ein Patient nahm 42 Kilo ab, weil er zweimal am Tag bei Burger King futterte. Ja, Sie haben richtig gelesen: Zweimal am Tag Burger King = minus 42 Kilo! Wie kann das sein? Die Vorgeschichte: Dieser Patient wog ursprünglich 251 Kilo, war Junkfood-süchtig und mehrmals täglich Kunde bei McDonald's, Pizza Hut, Burger King & Co. Hätte der behandelnde Arzt dem schwergewichtigen Patienten eine „richtige" Diät verschrieben, hätte das niemals funktioniert: morgens ein wenig Obst, danach schweißtreibende Work-outs. Mittags eine Gemüsesuppe und mehrere Runden Powerjogging. Abends ein Joghurt – und statt Couch noch mal Action … So eine „richtige" Diät wäre die erste Alternative. Alles beim Alten zu belassen, die zweite Möglichkeit. Arzt und Patient entschieden sich in diesem Fall für die dritte Alternative und schlossen einen Pakt. Einen Deal, den der Patient einhalten und der Arzt medizinisch vertreten konnte. Und der sah so aus: Der Patient durfte „nur noch" zweimal täglich zu Burger King. Dort war jeweils „nur noch" ein Burger erlaubt. Er musste jeweils den Deckel des Brötchens weglassen. Und für die jeweils knapp zwei Kilometer hin und wieder zurück war Fußmarsch angesagt. Ein cooler Pakt. Der Patient hielt sich daran. Und es klappte. Denn bei so viel Kampfgewicht (251 Kilo) purzeln die Kilos anfangs relativ leicht (in diesem Fall 42 Kilo). Für den Patienten ein tolles Erfolgserlebnis. Er fing langsam an, Körperbewusstsein zu entwickeln – und erreichte vor allem sein allererstes Abnehmziel. Darauf konnten Arzt und Patient super aufbauen und im zweiten Schritt eine richtige Diät in Angriff nehmen. Clever gemacht. Für beide Seiten annehmbar und hochwirksam.

Szenenwechsel: Ein kleiner Buchhändler hatte das Pech, dass sein Laden genau zwischen zwei großen Buchhandlungen umsatzstarker Ketten lag. Noch schlimmer: Einer der Läden lockte Kunden mit den großen Lettern „Alles zum halben Preis", der andere mit „Alles muss raus". Der kleine Buchhändler reagierte clever. Er nutzte die Genialität der dritten Alternative und schrieb über sein Geschäft: **HAUPTEINGANG**.

Saufrech und saugut!

Sehr witzig konterte auch die US-Werbeagentur des Autozwergs Smart auf verkaufsstörende Häme. Um die angeblich mangelnde Solidität des kleinen Zweisitzers aus Deutschland anzuprangern, schrieb ein Schlauberger im Social Web: „Ich sah einen Vogel, der auf einen Smart gemacht hat – Wagen total zerstört." Die Agentur drehte den Spieß um und antwortete: „Es kann nicht nur ein Vogel gewesen sein, sondern nach unseren Berechnungen eher 4,5 Millionen." Dazu lieferte das Werbeteam eine erklärende Grafik, dass die Karosserie dem Druck von etwa vier Tonnen Vogelkot standhalten kann – und baute das Thema gleich zu einer Kampagne aus. Mit großem Erfolg.

Wie verzwickt eine konventionelle Denkweise sein kann, schildert dazu mein Sinnbild mit dem Tisch, den wir von oben sehen, der Flasche Wein und dem Glas – und den vier Sichtweisen darauf. Der Erste meldet sich zu Wort und sagt: „Klare Sache, rechts ist die Flasche, links das Glas." Der Zweite meint: „Stimmt gar nicht, das Glas steht vor der Flasche." Der Dritte kontert: „Hä, die Flasche ist doch links und das Glas rechts." Der Vierte versteht die Diskussion nicht und erwidert: „Welches Glas?" Denn aus seinem Blickwinkel steht die Flasche davor.

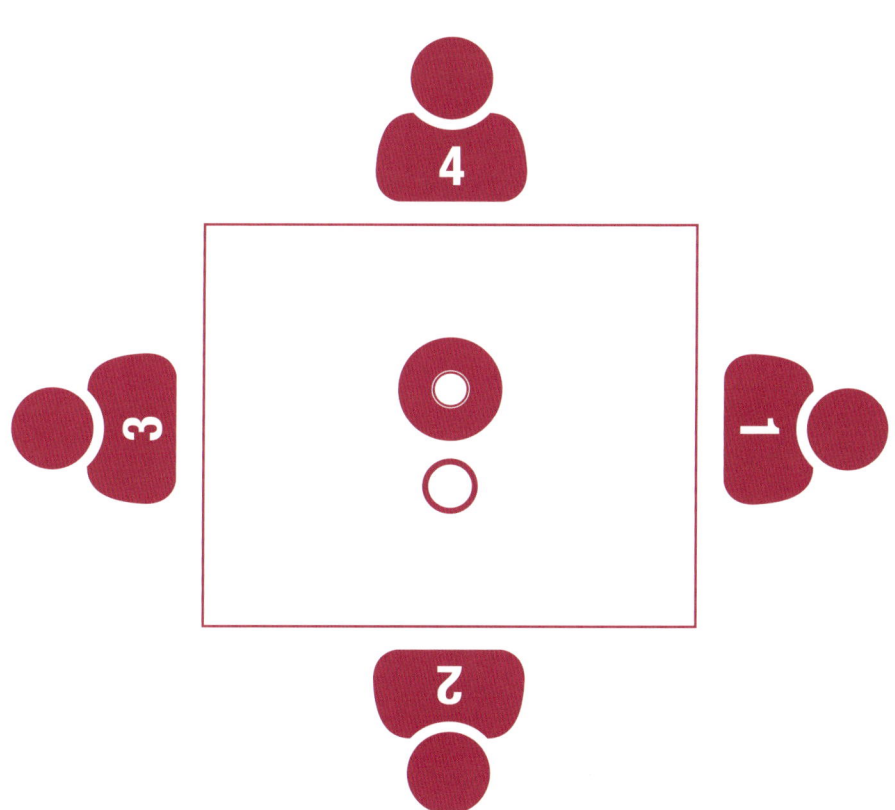

Hätte der Arzt aus meinem Diät-Beispiel also nur aus seiner Sicht und der Patient nur aus seinem „Blickwinkel" gehandelt, wären sie niemals zusammengekommen. Der Patient hätte wie die vierte Stimme bei dem Tisch-Sinnbild gesagt: „Ich sehe gar keine Chance, eine Diät durchzuhalten!" Nur durch eine gemeinsame Sicht – die dritte Alternative – fanden beide einen gemeinsamen, erfolgreichen Konsens. Die Kunst bzw. das Geheimnis ist es also, die Dinge anders zu sehen!

Erst als Rügenwalder die „Wir machen nur Wurst"-Sicht verlassen und einen Pakt mit der stark wachsenden „Wir wünschen uns einen tierfreien Brotaufstrich"-Zielgruppe geschlossen hatte, kam es zur genialen dritten Alternative: der Rügenwalder Teewurst VEGGIE.

Die Frage an Sie: Wie können Sie aus Ihrer und der Sicht Ihrer Kunden auch eine dritte Sicht, die dritte Alternative ableiten? Aber Achtung: Dabei geht es nicht um einen klassischen Konsens, sondern vielmehr um eine übergeordnete, geniale und mutige Lösung!

So eine dritte Alternative kurbelt übrigens auch bei einer großen Elektro-Kette das Geschäft an. Die Ausgangslage: Auf dem Präsentationstisch stehen zwei ähnliche Produkte aus einer Sparte, in unserem Beispiel zwei Laptops. Das eine für 299 Euro, das andere für 399 Euro. Wo greift der Kunde eher hin, vorausgesetzt, das Preis-Leistungs-Verhältnis stimmt? Richtig. Der preissensible Kunde schnappt sich das Teil für 299 Euro. Also: Wie steigert man den Umsatz und weckt das Interesse an dem Laptop für 399 Euro? Konventionell und klassisch gedacht, kann man das teurere Teil besser platzieren, die Leistungen klarer herausstellen, es als Schnäppchen deklarieren, weil es noch teurer war und jetzt „nur noch" 399 Euro kostet, gratis ein kleines Give-away dazu anbieten … Und so weiter. Langweilig.

Viel schlauer ist die dritte Alternative.
In diesem Fall ein drittes, noch teureres Laptop für 699 Euro! Und ein cleveres Verkaufsgespräch. Wird neben den anderen beiden das dritte Produkt platziert, konzentriert sich der Verkäufer in seinem Beratungsgespräch nur auf das mittlere und teure Laptop. Mehr Zeit bleibt nicht, wenn der Kunde nur schnell hereinschneit und fast schon wieder draußen ist …

Wir Verkaufstrainer sagen dazu: Verkaufen an der Drehtür. Sagt der Kunde nicht gleich bei dem teuersten Produkt „ja" (was umsatzmäßig ja auch nicht wehtut), kommt der entscheidende Satz des Verkäufers. Etwas leiser, so nach dem Motto „unter uns": „Ehrlich gesagt, würde ich Ihnen zu dem Laptop für 399 Euro raten. Natürlich ist das für 699 Euro ‚De luxe' und Premium. Aber hier haben Sie wirklich ein tolles Preis-Leistungs-Verhältnis, das Sie absolut zufriedenstellt!"

Und was macht der Kunde? Er nimmt das Laptop für 399 Euro und hat auch noch ein gutes Gefühl. Genial. Durch das geschickte Anwenden der sogenannten Kontrastmethode wird der Kunde auf einen relativ hohen Preis gelenkt – und findet den mittleren Preis gar nicht mehr so wild. Gekauft!

Drei Preisspalten sind auch der Trick auf der Website von Germanwings. Zu jedem Flug gibt es eine günstige, eine mittlere und eine teure Variante. Als Vielflieger denkt man: Dämlich, wer hier zum teuersten Tarif einen Flug bucht. Das macht doch keinen Sinn, weil keine echten Mehrleistungen dafür stehen. Unter uns: Seit der Einführung dieser Taktik wird der mittlere Preis sehr viel häufiger angeklickt und gebucht. Ähnlich wie der Run auf die mittelpreisigen Produkte im Elektro-Markt.

2.2 Die Kontrastmethode

Nicht ohne Stolz möchte ich an dieser Stelle von der Cleverness meiner Tochter erzählen. Das Thema: Die Note für ihre erste Lateinschulaufgabe.

Unser Dialog: „Was glaubst du, Papi, wie viele haben eine Sechs geschrieben?" Was für eine Frage, dachte ich etwas verblüfft und antwortete: „Ich hoffe, niemand." Meine Tochter Viki darauf: „Doch, insgesamt vier." „Hm", meinte ich, „dann war es wohl ganz schön schwer." Viki sehr überzeugt: „Ja, echt schwer." Noch durchschaute ich das Ganze nicht – und Viki machte weiter: „Was glaubst du, wie viele haben eine Fünf geschrieben?" Meine Antwort: „Hoffentlich niemand." Viki: „Doch. Auch vier." Und wieder tappte ich ihr in die Falle und sagte: „Dann war es aber wirklich schwer." Nach Vikis „Ja" ging es weiter: „Was schätzt du, wie viele haben eine Vier geschrieben?" Ich zum dritten Mal: „Hoffentlich niemand!" „Doch", antwortete Viki. „Insgesamt sechs Schüler – und ich bin mit dabei!" Erst jetzt ging bei mir ein Lämpchen an. Mit ihren Fragen zu den Noten Sechs und Fünf hatte sie mir supergeschickt ihre Vier verkauft – und die nicht ganz so gute Note relativiert. Okay, Latein ist vielleicht nicht so ihr Ding. Dafür hat sie etwas drauf, das teure Produkte genauso flott und gut verkauft wie schlechte Noten: die Kontrastmethode.

Ein Trick, der in jedem Supermarkt tagtäglich funktioniert. Große Einkaufswägen sehen immer leer aus, wenn Sie lediglich Ihre Einkaufsliste abhaken. Das weckt das unbewusste Gefühl, zu wenig gekauft zu haben – und schon wird der „Das könnte ich auch noch brauchen"-Schalter umgelegt. Je monströser der Wagen, umso mehr kommt nachweislich hinein – und umso heftiger klingelt in der Folge die Kasse.

Den Trick mit der Kontrastmethode können Sie in abstrakter Form noch weiterspielen und auch in der Kundenakquise anwenden. Während beispielsweise der eine Finanzmakler nur sagt: „Ich habe über 50 Gesellschaften im Angebot", baut der andere für den Kunden einen echten Kontrast auf und erklärt: „Während andere Finanzdienstleister nur fünf oder sechs Gesellschaften im Angebot haben, kann ich mit mehr als 50 Gesellschaften aus dem Vollen schöpfen." Das suggeriert dem Kunden, ihm dadurch eine wesentlich deziertere, absolut maßgeschneiderte Lösung anbieten zu können. Überlegen Sie, wie Sie speziell in Ihrer Branche mit einem ähnlichen Kontrast punkten, um den Kunden auf Ihr Angebot zu fixieren.

An die Wirksamkeit der Kontrastmethode erinnert im weitesten Sinn übrigens auch die Story des US-Großinvestors und Multimilliardärs Warren Buffett. Als einer der reichsten Menschen weltweit soll er immer noch in dem Ort leben, in dem er aufgewachsen ist. Relativ bescheiden, in einer eher unterdurchschnittlichen, normalen Arbeitersiedlung. Sein Argument, so heißt es: Weil er nur dort sieht, zu was er es gebracht hat … Sehr speziell, aber dennoch auch eine Form der Kontrastmethode.

2.3 Die goldene Mitte

Mal abgesehen von Warren Buffetts „Relativitätstheorie" sollten Sie an dieser Stelle darüber nachdenken, wie Sie die Kontrastmethode sinnvoll für sich und Ihr Geschäft nutzen können.

Oder wo Sie einen positiven Effekt erzielen, wenn Sie ähnlich wie Germanwings die Taktik des Preisvergleichs heranziehen oder überziehen.

Fragen Sie sich, wie Sie Ihren Kunden auf den „goldenen Mittelweg" führen. Denn das ist in diesem Zusammenhang die zweite wichtige Erkenntnis: Die „goldene Mitte" gibt dem Kunden Sicherheit. Er kauft in der Regel nichts, was übertrieben teuer ist. Und er kauft auch nichts, was zu günstig erscheint. Der Kunde kauft am liebsten das, was genau dazwischenliegt.

Ein Beispiel: Sie stehen im Baumarkt und wollen sich für schicke Barbecues mit Freunden einen neuen Holzkohle-Kugelgrill anschaffen. Das Thema ist absolut Trend, die Auswahl entsprechend groß. Auf den ersten Blick sehen alle annähernd gleich aus.

Trotzdem: Bei einem für 79 Euro beschleichen Sie leichte Zweifel, ob der auch wirklich viel taugt. Bei dem für 239 Euro kocht in Ihnen das Gefühl hoch, zusätzlich für den bekannten Namen blechen zu müssen. Einer für 119 Euro erscheint Ihnen dagegen genauso stylish und stabil. Sie greifen wie die meisten zu.

Weil Ihnen ein Floh im Ohr zuflüstert, dass Sie beim (goldenen) Mittelweg auf Nummer sicher gehen.

Zu spezifisch? Keineswegs! Dieser Trick funktioniert auch bei Dienstleistungen. Machen Sie Ihren Kunden ganz einfach auch drei Leistungsangebote – einen Classic-Service, einen Professional-Service, einen De-luxe-Service. Sie werden sehen: Das vorher oft verworfene, von Ihnen präferierte Professional-Angebot findet plötzlich reißenden Absatz.

2.4 Der Signalpreis

Noch so ein gutes Lockmittel! Ganz anders als die Kontrastmethode funktioniert der sogenannte Signalpreis. Dabei wird der Preis für ein Produkt aus dem Angebot bzw. Sortiment unverschämt niedrig angesetzt. Konkurrenzlos niedrig. Klug vorgemacht zum Beispiel von McDonald's mit den berühmten 1-Euro-Produkten. Genial übrigens für unseren „Diät"-Patienten, der sich seine tägliche Burger-Mahlzeit so mit gerade mal 2 Euro finanziert ☺.

Der extreme Tiefpreis hat gleich zwei Vorteile: Er lockt direkt viele Kunden an, suggeriert aber auch indirekt: „Da ist es günstig." Der Wahnsinnspreis wird unbewusst auf alle Produkte projiziert. Sicher kennen Sie das: Sie konsumieren in einem Restaurant ein komplettes Mittagsmenü für den Sensationspreis von 5,90 Euro. Und zahlen dann für das Getränk dazu fast genauso viel.

Noch deutlichere Signalpreise setzen viele Automobilhersteller. Sie bieten für ihre Fahrzeuge unverschämt niedrige Leasingraten von 99 Euro im Monat an. Anzahlungs- und Schlussrechnung, Sonderkosten für Mehr-Kilometer oder Zusatzausstattungen schröpfen den Kunden dann allerdings richtig. Aber auch für Signalpreise gibt es natürlich subtilere Geschäftsmodelle, die alle Beteiligten zufriedenstellen …

„ *Roger Rankel zählt zu den gefragtesten Vortragsrednern im deutschsprachigen Raum.* "

Deutsches Rednerlexikon

#3

Drittes Geheimnis

So reden Umsatzverdoppler – weil Sprache unser Denken und Handeln bestimmt

„Yes, we can!" Starke Worte. Historischer Erfolg. Viel zitiert. Oft adaptiert. DER Wahlspruch, der als Statement des ersten farbigen US-Präsidenten Barack Obama in die Geschichte eingeht. Worte auf den Punkt, die lange nachklingen und eindrucksvoll belegen: Sprache und Erfolg sind untrennbar miteinander verbunden. Sprache hat eine besondere Macht. Sie ist ein wesentlicher Teil der Kommunikation, die durch Wortwahl, Klang der Stimme, Betonung und natürlich auch Körperhaltung, Mimik, Gestik gezielte Aussagekraft erhält. Ganz klar, dass alle Facetten der perfekten Kommunikation für Sie als Verkäufer, als Dienstleister, als „Sprechberufler" eine Art Lebenselixier sind. Verkauf ohne ausgefeilte Kommunikation funktioniert schlicht und einfach nicht!

Aber keine Angst: Ich komme Ihnen jetzt nicht mit billiger Verkaufsrhetorik. Mit „Old School"-Ansagen wie: Herr Kunde, sind wir uns einig oder soll ich Ihnen noch mehr erzählen? Mit Suggestivsätzen wie: Sie wollen doch Steuern sparen, oder?! Mit der rhetorischen Kreditkarten-Kundenfangmethode an Flughäfen: Sprechen Sie deutsch? Um den Passanten in ein Gespräch zu verwickeln … Aus diesen Kinderschuhen sind wir raus. Umsatzverdoppler sprechen anders. Und Sie arbeiten mit dem Sound der Stimme. Sie überraschen. Sie irritieren im positiven Sinn. Genau um diese Raffinessen in der Kommunikation geht es in diesem Kapitel. Um ungewöhnliche Gesprächsansätze. Um sprachgewandte Praktiken. Um richtig starke Kniffe, die die Verkaufsrhetorik auf den Kopf stellen.

Ein spießiger Bausparvertrag?

**Das ist wahrscheinlich nichts für Sie!
Oder vielleicht doch?
Lassen Sie sich jetzt beraten!**

3.1 Die negative Vermutung

Was sagt die kluge Ehefrau mit einem charmanten Lächeln, wenn sie ihrem Schatz auf der Shoppingtour einen stylishen Anzug „verkaufen" will? „Du, schau mal, der wär doch was. Aber wahrscheinlich ist er dir zu teuer – und eh nichts für dich. Komm weiter …" Buff! Hand aufs Herz, meine Herren: Das lassen Sie nicht auf sich sitzen, schnappen sich das Teil, schlüpfen hinein … Bingo! So einfach funktioniert die negative Vermutung. Sie empfehlen genau das Gegenteil von dem, was Sie als Verkäufer, Dienstleister erreichen wollen. Psychologen sagen dazu auch „paradoxe Intervention". Damit wecken Sie bei Ihrem Kunden Neugierde und einen gewissen Trotz: Ein anderer entscheidet nicht, was für mich gut ist! Das entscheide ich selbst!

Konfrontieren Sie Ihren Kunden also mit so subtilen Sätzen wie „Ich bin mir nicht ganz sicher, ob auch Sie das anspricht", fordern Sie ihn geradezu zu der Antwort heraus: „Warum soll mich das nicht ansprechen?" Und schon sind Sie Ihrem Verkaufserfolg einen großen Schritt näher.

Ein Beispiel aus der Praxis: Ein Berater will seinem unentschlossenen Kunden einen Bausparvertrag empfehlen. Auf etwaige Widerstände vorbereitet, wählt er den Weg der negativen Vermutung und sagt: „Es gibt eine gute Lösung, die aber unberechtigterweise eher als spießig bezeichnet wird. Das ist dann wohl nichts für Sie, auch wenn das Produkt aktuell für Sie absolut sinnvoll wäre …" Das lässt den Kunden interessiert aufhorchen. Er wird durch diese Voreinwandsbehandlung wissen wollen, um was es sich genau handelt, warum es gerade für ihn sinnvoll ist – und Ihre Chancen auf einen Abschluss steigen.

SPAREN Sie sich …

also in Zukunft bei ewigen Skeptikern überzeugende Argumente. Drehen Sie den Spieß einfach um – und starten Sie mit einer negativen Vermutung. In den meisten Fällen ein Ansporn für Ihren Kunden, Sie wiederum vom Gegenteil zu überzeugen. Ziel erreicht!

3.2 Die Irritationsfrage

Verwirrung stiften. Staunen erzeugen. Den Kunden stutzen lassen – und wiederum seine Neugier herausfordern. So könnte man das Verkaufsgeheimnis der Irritationsfrage zusammenfassen. Ein Beispiel aus meiner Praxis erklärt das Prinzip. Wenn ich von einer Firma für eine größere Roadshow, eine ganze Seminar- oder Vortragsreihe angefragt werden, gibt es vorab ein Briefing-Gespräch mit allen wichtigen Leuten wie Vorstandsvorsitzende, Einkaufsleiter, Personalchef …

Der ideale Zeitpunkt für meine Irritationsfrage: „Meine Damen und Herren, bevor wir starten, eine Frage in eigener Sache: Wie hoch ist eigentlich Ihre Neukundengewinnungsquote?" Die Reaktion: Schweigen – und verwunderte Gesichter. Keiner, weder der Vertriebsvorstand und noch nicht einmal der Controller, konnten mir bisher auf diese Frage eine richtige Antwort geben.

Aber sie suggeriert: Neukundengewinnungsquote? Klingt cool. Der Rankel weiß da etwas … Und das müssen wir auch haben. Angebissen!

Verblüffen wird Sie auch mein nächstes Beispiel. In zweierlei Hinsicht. Es handelt sich um eine irritierende Frage, die einem Sex-Toy richtig Auftrieb verpasste. Ja, Sie lesen richtig, neben Weltkonzernen habe ich auch schon Shop-Leiter von Erotik-Läden geschult. Unter uns: Auch ein Geschäft, das nicht zu verachtende, verkaufsfördernde Geheimnisse birgt. Eines verrate ich Ihnen hier.

Konkret ging es um ein neues Reinigungsmittel für Vibratoren, das eigentlich nur selten über die Ladentheke wanderte. Meine Empfehlung im Rahmen eines Seminars machte den Ladenhüter zum Kassenschlager. Die Verkäufer sollten die Kundin beim Bezahlen ihres Lustobjekts einfach nur fragen: Sagen Sie mal, wie reinigen Sie eigentlich Ihren Vibrator? Das saß. Die Irritationsfrage löste Verwirrung, viele „Oups" und meistens den unausgesprochenen Gedanken aus: Oh, darüber habe ich eigentlich noch nie so recht nachgedacht … Die Folge: Der Absatz des Reinigungsprodukte wurde um das Viereinhalbfache gesteigert. Sie lesen richtig: um das Viereinhalbfache!

Egal, in welcher Branche … Irritieren macht neugierig und kann den Verkauf Ihrer Dienstleistung, Ihres Produkts ordentlich pushen. Denken Sie sich als Gesprächsstart raffinierte Fragen aus, auf die der Kunde vermutlich keine akkurate Antwort findet. Klar, dazu ist eine gewisse Coolness gefragt, das darauf folgende Kopfzerbrechen, Staunen, die Stille auszusitzen. Aber es klappt. So eine Frage initiiert Neugier, die Begehrlichkeit: Der hat was, der weiß was, das hört sich spannend an, da will ich mehr wissen … Schließlich möchte Ihr Kunde nicht doof dastehen – und Sie haben ihn an der Angel.

3.3 Die Betonungsfalle

Was willst du schon wieder? Was, willst du schon wieder? Zwei kleine Sätze, ein riesengroßer Unterschied! Und der Beweis, wie schnell Sie ohne die richtige Betonung eine knisternde Situation kaputtreden können … Deshalb mein dringender Rat: Damit Sie Ihre Chancen auf ein Erfolgserlebnis nicht verpatzen, achten Sie bei Face-to-Face-Verkaufsberatungen auf nuancierte Betonungen. Für mich ein wesentlicher Bestandteil, in Gesprächen positiv zu punkten. Ohne jetzt oberlehrerhaft wirken zu wollen:

Lesen Sie sich den Satz auf der linken Seite ruhig einmal laut vor. Je nach Betonung variiert sein Sinn zum Teil beträchtlich, das Gesagte ändert sich in eine völlig andere Richtung.

ER sagte nicht, er habe das Geld gestohlen.	(Es war vielleicht sein Kumpel.)
Er **SAGTE** nicht, er habe das Geld gestohlen.	(Er hat es gedacht/geschrieben.)
Er sagte **NICHT**, er habe das Geld gestohlen.	(Hat er nie behauptet.)
Er sagte nicht, **ER** habe das Geld gestohlen.	(Es war ein anderer.)
Er sagte nicht, er **HABE** das Geld gestohlen.	(Er wollte es nur.)
Er sagte nicht, er habe **DAS** Geld gestohlen.	(Ein anderes schon.)
Er sagte nicht, er habe das **GELD** gestohlen.	(Sondern die Uhr.)
Er sagte nicht, er habe das Geld **GESTOHLEN**.	(Nur ausgeliehen.)

3.4 Der Angriff nach vorne

Es passiert, ob Sie es wollen oder nicht: Ihr Kunde stellt Sie im Verkaufsgespräch plötzlich auf den Prüfstand. Er versucht, Sie durch insistierende Fragen aufs Glatteis zu führen. Das beste Rezept dagegen: der Angriff nach vorne.

Wenn Sie mit der Aussage konfrontiert werden, bei einem Mitbewerber gibt es zu diesem Produkt, zu dieser Dienstleistung aber eine längere Garantie … Dann kommt von Ihnen knallhart: „Das müssen die auch so handhaben!" Punkt. Keine weitere Diskussion. Cool auf den Kunden schauen. Dieser Satz steht für sich. Fangen Sie dagegen an, sich zu rechtfertigen: „Das geht bei mir leider nicht …", oder springen Sie auf den Zug auf und stellen Fragen nach dem Mitbewerber, haben Sie verloren. Der Fokus liegt plötzlich auf dem Mitbewerber, Ihr Verkaufsgespräch geht den Bach hinunter.

Deshalb: Nicht auf das Thema eingehen! Den Kunden auflaufen lassen. Die klare Ansage machen: „Das müssen die auch!" Punkt. Egal, ob es um Garantie, einen angeblich besseren Preis, um Zusätze oder sonst etwas geht. Diese Strategie wende ich auch erfolgreich an.

Ein Beispiel, das schon so manchem Teilnehmer meines Online-Coachings weitergeholfen hat:
Ein Auftraggeber rief bei mir an, akzeptierte den Preis für einen Vortrag – und wollte dann mit mir mithilfe der Aussage verhandeln: Ein Mitbewerber würde aber für den Preis die Reisekosten inkludieren. Meine Antwort: „Das muss der auch!"

Die Reaktion des Kunden: „Jetzt weiß ich, dass Sie für mich der Richtige sind. Sie verstehen Ihr Handwerk." Der Auftrag war im Kasten. Ganz nebenbei bemerkt: Ich bin ohnehin nicht verhandelbar. Ich mache keine Sonderpreise. Im Sinne von Fairplay bekommt bei mir jeder die gleiche Leistung zu gleichen Konditionen. Wenn andere es anders machen: Die müssen das auch. Punkt.

Damit wir uns richtig verstehen: Dieses „Bremsmanöver" hat nichts mit Arroganz zu tun, sondern mit Selbstbewusstsein. Sich seiner selbst bewusst sein.

3.5 Die Schallplatte mit Sprung

Ein Begriff aus der Dialektik, der Skeptiker überzeugt. Die Devise: Eine wichtige Aussage wird immer und immer wieder wiederholt, ohne sich dabei von seiner Fährte abbringen zu lassen. Ein Geduldsspiel mit durchschlagendem Erfolg.

Nehmen Sie als Beispiel einen Immobilienverkäufer, der seinem Kunden verdeutlichen will, dass Immobilien, dass Wohnraum gebraucht wird. Seine Schallplatte mit Sprung könnte sich so anhören: Schauen Sie, Herr Kunde, es kommen immer mehr Menschen nach Deutschland, also wird Wohnraum gebraucht. Außerdem belegen Studien, dass junge Leute immer früher von zu Hause ausziehen, es wird mehr Wohnraum gebraucht. Auf der anderen Seite werden die Menschen laut Statistik immer älter, es wird länger Wohnraum gebraucht. Die Scheidungsquote wächst, es wird noch mehr Wohnraum gebraucht …

Jedes Statement wird mit der Schallplatte unterlegt: Es wird Wohnraum gebraucht. Der Kunde geht aus dem Verkaufsgespräch heraus und hat nur noch im Kopf: Es wird Wohnraum gebraucht. Die ideale Voraussetzung, um sich schnellstmöglich eine Immobilie zuzulegen – und der Verkäufer hat die Trümpfe in der Hand.

Übrigens auch ein guter Trick, wenn Sie etwas umtauschen wollen und in diesem Fall selbst Käufer sind. Der Verkäufer windet sich, weil er die Ware nicht zurücknehmen will … Sie sagen: „Ich will dieses Produkt umtauschen." Der Verkäufer nestelt mit dem Beleg herum und kommt Ihnen mit abgelaufenen Fristen … Sie sagen: „Ich will dieses Produkt umtauschen." Der Verkäufer dreht das Produkt hin und her und erzählt etwas von einem Fleck … Sie sagen: „Ich will dieses Produkt umtauschen." Der Verkäufer mosert vor sich hin, bespricht sich mit einem Kollegen … Sie sagen stoisch: „Ich will dieses Produkt umtauschen." Der Verkäufer denkt inzwischen vermutlich, Sie seien ein Fall für die Klapse – und tauscht Ihnen das Produkt um.

Für so eine Aktion sind eiserne Nerven gefragt. Durchhalten, nicht beirren lassen, Schallplatte mit Sprung auflegen. Dann hat der andere keine Chance.

Einscannen & profitieren
DOWNLOADS
zum Buch

3.6 Die Verpositivierung

Beim Schreiben auf dem PC wird dieser Begriff rot unterkringelt. Weil es das Wort eigentlich gar nicht gibt. Ein Sinnbild macht aber deutlich, was damit gemeint ist: Zwei Pilze stehen am Waldrand. Der eine Pilz zieht sich das Schlechte, die Schadstoffe aus dem Boden – daraus wird der Giftpilz. Der andere Pilz zieht sich das Gute aus dem Boden, die Nährstoffe – und wird für teures Geld im Delikatessenladen verkauft.

Ergo: Um Ihren Wert im Verkaufsgespräch zu steigern, sollten Sie nur noch das Gute herausstellen. Negative Dinge gar nicht erst ansprechen, nicht beachten, nicht thematisieren. Nur die positiven Aspekte herausziehen wie der wertvolle, teuer verkaufte Pilz.

Wie genial sich die „Verpositivierung" auf das erklärte (Verkaufs-)Ziel auswirkt, zeigt das kluge Gleichnis der rauchenden Mönche.

Zwei Mönche konnten es nicht lassen, während des Gebets zu rauchen. Weil sie das schlechte Gewissen plagte, schrieben beide einen Brief an den Bischof und befragten ihn nach seiner Meinung. Als Antwort bekam der eine Mönch eine Erlaubnis, der andere ein Verbot. Der Mönch mit der Erlaubnis daraufhin verwundert zu dem anderen: Was hast du den Bischof gefragt? Dessen Antwort: Ich habe gefragt, ob ich während des Betens rauchen darf. Und du? Ich habe gefragt, ob ich während des Rauchens beten darf …

Ein Beispiel aus der Praxis: Modernste LCD-Fernseher mit LED-Technik punkten damit, dass sie 20 Prozent weniger Energie verbrauchen. Toll. Und wichtig für den Kunden. Aber wenig greifbar. Wesentlich verdeutlicht werden solche Zahlen durch ausgewiesene Sparbeträge wie: Dieses Gerät kostet Sie 120 Euro weniger Strom im Jahr. Gut. Aber es geht noch besser. Wird dem Kunden beispielsweise kommuniziert, dass die Kosten für ein Gerät nach fünf, sechs Jahren komplett eingespart sind, kommt die Krönung.

Mit entsprechenden Erklärungen gut verpackt, könnte das verpositivierte Angebot lauten:
Der erste Gratis-Fernseher der Welt. Ein genialer Schachzug.

www.HANDWERK.DE

Ich schleife keine Gläser. Ich schärfe deine Sinne.

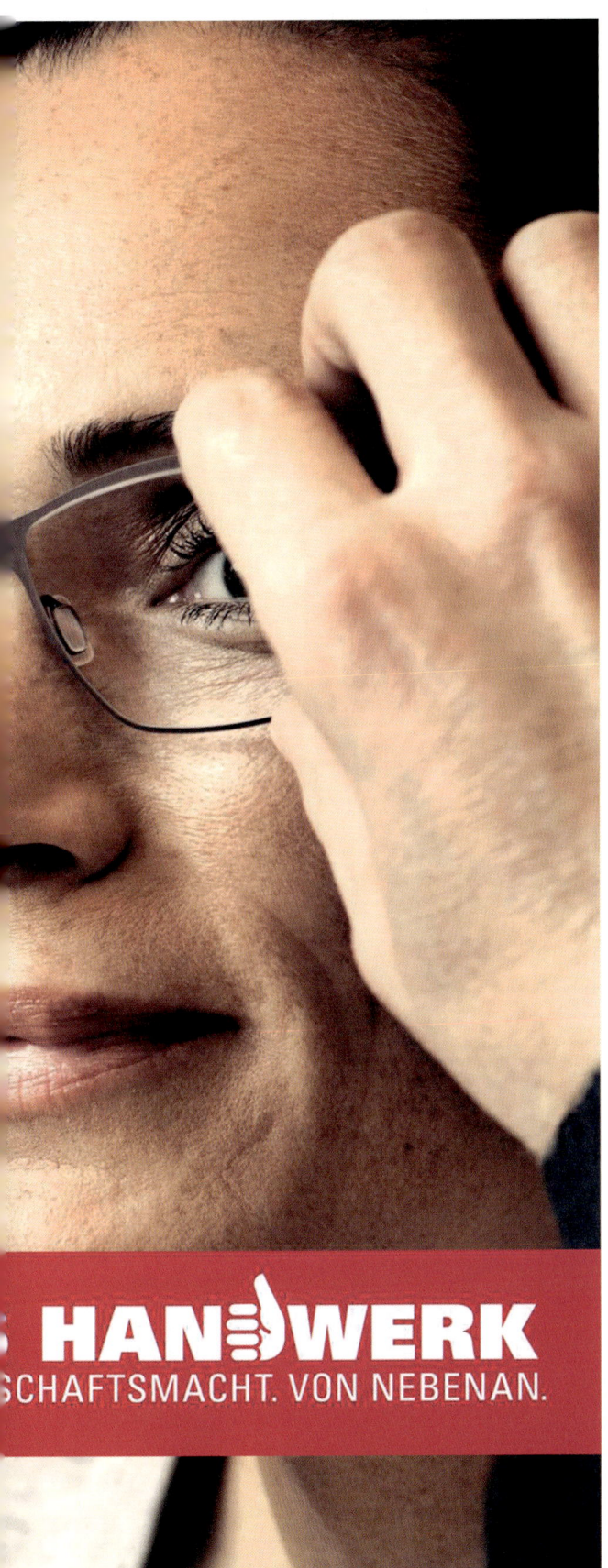

HANDWERK
SCHAFTSMACHT. VON NEBENAN.

Auf den Punkt bringt die Verpositivierung auch die Imagekampagne des deutschen Handwerks für die Kompetenz und das Know-how der Augenoptiker: Ich schleife keine Gläser. Ich schärfe deine Sinne. Auf prägnante Art betont wird damit der Nutzen für den Kunden – und weniger das Produkt Brille.

Gerade im Gesundheitswesen kann diese Strategie ausschlaggebend sein. Marschieren Sie mit einem Wehwehchen hoffnungsvoll zum Arzt oder in die Apotheke, kommt meistens: „Ich schreibe Ihnen da mal was auf …" Dadurch fühlt sich der Patient bzw. Kunde wenig angesprochen. Ein weitaus besseres Gefühl vermittelt die Reaktion: „Dieses Medikament hilft Ihnen garantiert und Sie werden schnell wieder gesund." Plazebo-Effekt hin oder her: Das wirkt!

Bilder statt Worte sprechen beim Homestaging eine positive Verkaufssprache. Der Immobilienmarkt-Booster aus den USA verwandelt „graue Mäuse" in Traumwohnungen. Guter Verkauf garantiert.

Der Trick: Unscheinbare Objekte werden von Experten für potenzielle Kunden aufgehübscht – oder, wie der Name sagt, zur Bühne gemacht.

Ziel: Ein positives Ambiente, das die Mehrheit der Kaufinteressenten anspricht. Und dafür zaubern Homestager so einiges aus dem Hut: sparsam platzierte, schicke Möbel, die Räumen Größe geben. Lampen aller Art für eine optimale Ausleuchtung. Frische Blumen auf dem Beistelltisch, ein frischer Obstkorb in der Küche, Kräuter auf der Fensterbank … Alles schön aufgeräumt und entpersonalisiert, damit der Kunde sich (und nicht den Vorbesitzer) darin sieht.

Das Ergebnis der Verpositivierung: im Schnitt 50 Prozent schnellerer Verkauf und 15 Prozent Preissteigerung, so die Auswertungen der Deutschen Gesellschaft für Homestaging und Redesign.

3.7 Das Sandwich-Rezept

Zugegeben, nichts Neues. Aber in jedem Fall ein paar Sätze wert. Knallen Sie dem Kunden nie einfach so den Preis hin, auch wenn er danach fragt. Antworten Sie aber auch nicht zu platt mit: Das sage ich Ihnen später. Verpacken Sie die Sache ganz eloquent und sagen Sie: Die Leistung beinhaltet erstens, zweitens, drittens … (detaillierte Aufzählung). Das alles zusammen kostet … (Ihren Preis). Und der Vorteil, der Nutzen für Sie ist …

Der Preis wird wie in ein Sandwich eingebettet. Leistung. Preis. Vorteil.

Das sollte für Sie ein sympathisch angebrachter Automatismus sein, wenn Ihr Kunde den Preis wissen möchte. Wichtig: Nicht den Eindruck erwecken, Sie wollten sich um die Preisfrage herumdrücken. Das müssen Sie geschickt in Ihren Gesprächs-Flow einbauen. So nach dem Motto: Gute Frage, Sie bekommen das, das und das. Alles zusammen für den Preis XY. Und der VORTEIL (besonders betonen) für Sie ist … Das Letzte bleibt im Kopf. Der VORTEIL und nicht der Preis.

3.8 Der Tiefklotzen-Trick

Die Kundenerwartung im Fokus, sich selbst zurücknehmen – ein Prinzip, das ich auch gerne als Tiefklotzen bezeichne. Auf den Putz hauen lässt die schöne Fassade schnell bröckeln. Kokettieren Sie lieber mit einer Prise Understatement! Erfolgsstorys und Eigenglanz mit einem Hauch Bescheidenheit und Ironie zu unterlegen, ist galanter als eine ständig geschwellte Brust. Wenn jemand mit Wow-Augen in meine Wohnung kommt und Worte wie „wahnsinnig" oder „ein Traum" fallen, sage ich: „Die ist glücklicherweise gar nicht so teuer, wie sie aussieht."

Das weckt Sympathie, statt Neid zu provozieren. „Humblebragging" taufte der 2015 verstorbene US-Autor Harris Wittels dieses Phänomen, das vor allem auf Social-Media-Portalen seinen Feldzug begann. Wörtlich übersetzt „Bescheidenheitsprahlen" – mir persönlich gefällt eben Tiefklotzen besser.

Wittels packte übrigens jede Menge „Humblebrag"-Beispiele in ein Buch. Darunter der Twitter-Beitrag des Oscar-prämierten US-Regisseurs Lee Unkrich (2011 für den Animationsfilm „Toy Story 3" ausgezeichnet): siehe rechte Seite.

Als Verkäufer platzieren Sie auf die Understatement-Tour kleine Nebenbotschaften, die Ihr Angebot attraktiver für den Kunden machen. Vor 2-Tages-Seminaren sage ich den Teilnehmern gerne: „Nehmen Sie sich für den ersten Seminartag abends nichts Großes mehr vor – Sie werden ganz schön k. o. sein!" Eine elegante Methode, um den Kunden durch die Blume zu sagen: In diesem Seminar bekommen Sie richtig viel geboten, da geht's ans Eingemachte.

Hauen Sie also nicht über Gebühr auf den Putz, sondern Würzen Sie Ihr Self-Promoting mit einer Portion Bescheidenheit. Nehmen Sie sich etwas zurück und stellen Sie Ihr Produkt, Ihre Dienstleistung clever in den Fokus. Peppen Sie das Rationelle mit verbalem und nonverbalem Witz auf.

Die Logik zwingt zum Nachdenken und Handeln. Ein fundamentaler Satz in der Verkaufsrhetorik. Überzeugen Sie Ihren Kunden mit den sprachlichen Raffinessen der Umsatzverdoppler. Wecken Sie das Interesse des Kunden mit verblüffenden Irritationsfragen. Wehren Sie Einwände mit dem Angriff nach vorne konsequent ab. Legen Sie größten Wert auf nuancierte Betonung …

Eine starke Sprache ist wie gesagt die Basis für erfolgreiches Verkaufen! Jedem Verkäufer muss sie wie ein Automatismus ins Blut übergehen. Verbal und nonverbal.

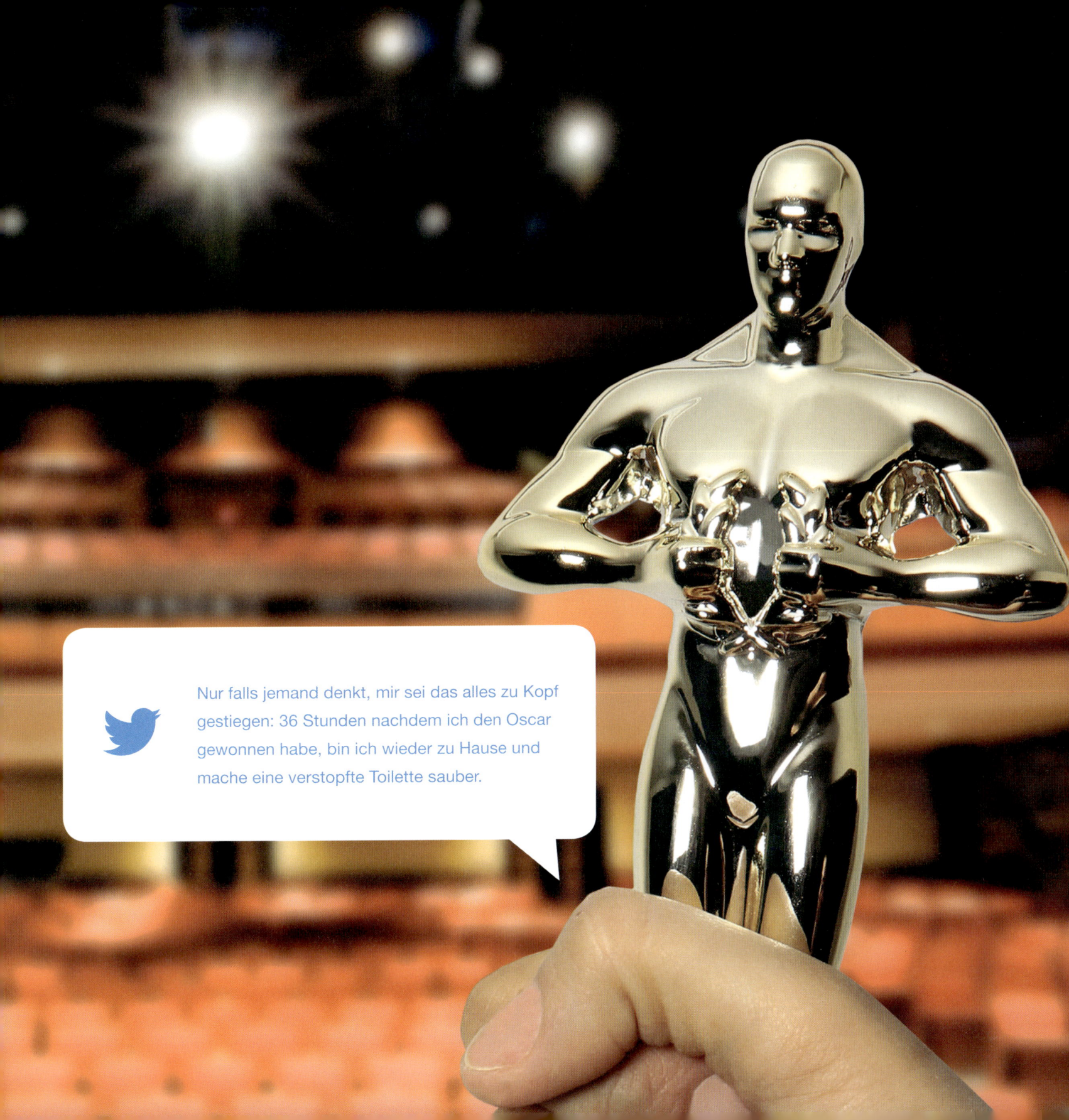

3.9 Die richtige Wortwahl

Noch zwei Beispiele für die Kraft der richtigen Worte: In meinem Fitnessstudio stand lange ein Schild „Heute noch Massage-Termine frei" auf dem Tresen. Mit bescheidenem Anklang. Auf meine Empfehlung wurde das Schild in „Massage-Termine erst wieder ab Donnerstag möglich" umgeschrieben. Zwei Tage Leerlauf, dann füllte sich der Terminkalender …

Ähnlich erfolgreich lockt auch das – ohnehin gut besuchte – Tegernseer Brauhaus noch mehr zufriedene Gäste an. Statt Ausflügler mit normalen und meist sehr lästigen Reserviert-Schildern zu verprellen, macht es die beliebte Gaststätte auf die höfliche und sympathische Tour. Auf den Tisch-Schildchen prangt in großen Lettern: Tisch frei bis (z. B. 17 Uhr). Sehr viel kleiner darunter steht: … dann reserviert für … Neue Gäste fühlen sich nicht überflüssig, sondern herzlich eingeladen. Die Sprache macht eben die Musik.

Kleine sprachliche Nuancen in der Formulierung, die die Aussagen entscheidend verändern. „Erst wieder ab Donnerstag …" macht das Angebot begehrlicher, weil es eine gute Buchungslage suggeriert. Das freundliche Reserviert-Schild vermittelt die Wertschätzung aller Gäste und nicht nur der Stammkunden.

Ein einfaches Beispiel verdeutlicht die Macht der Nuancierung:

Sagen Sie „Heute scheint die Sonne, **aber** morgen wird es regnen", liegt der Fokus auf dem drohenden Regen.	Sagen Sie „Heute scheint die Sonne, **und** morgen wird es regnen", stellen Sie beide Sachverhalte auf eine Stufe.	Sagen Sie „Heute scheint die Sonne, **obwohl** es morgen regnen wird", steht die Sonne im Vordergrund.

Viertes Geheimnis

Die Tricks der Umsatzstärksten – was wir von den Marktführern lernen können

Hand aufs Herz. Können Sie sich vorstellen, dass ein einfacher Eisverkäufer seinen normalen Umsatz um 500.000 Euro steigert? Eine halbe Million Zusatzplus, nur weil er etwas etwas anders macht! Ob es irgendwo einen noch schlaueren Eisverkäufer mit noch mehr Umsatzplus gibt, weiß ich nicht. Aber ich weiß, dass der, den ich Ihnen gleich beschreiben werde, mit Sicherheit zu den Marktführern gehört. Und genau um deren Verkaufsgeheimnisse geht es jetzt.

Was dabei auffällt, ist: Marktführer sind mutiger und kreativer. Und zwar dauerhaft. Sie ruhen sich nicht auf einem Erfolg aus, sondern sind laufend auf der Suche nach dem Bestmöglichen.

Ein Begriff, der umgangssprachlich eigentlich negativ belegt ist: „Dann nehme ich eben die nächstbeste Zugverbindung", „Mein Chef hat die Nächstbeste für das Projekt eingestellt" etc.

Wir nehmen das Wort jedoch wörtlich: **Das, was als Nächstes das Beste ist.** Das Gute also noch besser machen. Eine Eigenschaft, die die Umsatzstärksten wahrlich beherrschen und eine Aufgabe, die Sie aus diesem Buch ableiten sollten: Stets einen Blick auf DAS NÄCHSTBESTE zu haben!

4.1 Der Eisverkäufer

Eine richtig starke Idee, die mein Dasein als Verkaufstrainer positiv verändert hat und Ihnen als Verkäufer ab sofort einen enormen Mehrumsatz bringt.

Ort des Geschehens: Die Insel Capri, wo ich jedes Jahr mit meiner Familie Urlaub mache. Vor zwei Jahren stolperten wir – angezogen von einem unwiderstehlichen Mandelwaffelgeruch – über eine kleine Eisdiele, die die Verkaufstaktik geradezu revolutioniert! Davor eine Riesentraube Menschen. Wir stellten uns an. Alle 30 Sekunden stolzierte ein bereits belieferter Eis-Genießer vorbei – mit einer frisch gebackenen, köstlich gefüllten Waffel in der Hand und beglücktem Grinsen im Gesicht. Uns lief das Wasser im Mund zusammen. Als ich schließlich an der Reihe war, orderte ich – wohlgemerkt in Süditalien – auf Deutsch: „Ich hätte gerne eine Kugel Kirscheis!"

Was kam darauf von dem charmanten Eisverkäufer? Nicht: Mit Sahne oder ohne? Nicht: Wollen Sie noch etwas dazu?

Er stellte keine Frage, sondern sagte höflich und auf Deutsch: „Dazu empfehle ich Joghurt." Wow! Was für eine geniale Strategie! Ich antwortete: „Gerne." Deutlich formuliert: Hätte er gefragt, dann hätte er sein Ansinnen INFRAGE gestellt. Mein Ja wäre nicht sicher gewesen. Der Eisverkäufer machte dagegen eine überzeugende Aussage – höflich und auf Deutsch. Eine Kugel kostete zusammen mit der frisch gebackenen Mandelwaffel 3 Euro.

Fazit: Aus 3 Euro hatte der Eisverkäufer im Handumdrehen 5 Euro gemacht (3 Euro + 2 Euro, eine zweite Waffel war ja nicht dabei). Dann kam meine Tochter dran. Das gleiche Spiel. Sie bestellte auf Deutsch ihr Lieblingseis. Der Verkäufer wieder auf Deutsch: „Dazu empfehle ich …" Viki bejahte. Treffer! Aus geplanten 3 Euro (für mich) + 3 Euro (für meine Tochter) waren es jetzt schon insgesamt 10 Euro. Genauso ging es bei meiner Lebensgefährtin weiter.

Auf diese wahnsinnig clevere Weise hatte der Eisverkäufer in Sekunden aus 9 Euro 15 Euro Umsatz gemacht! Meine Reaktion als Verkaufstrainer: Das muss ich mir genauer ansehen. Ich schaute immer mal wieder zu unterschiedlichen Tageszeiten in der Eisdiele vorbei, in diesem Urlaub und im nächsten … Der Eisverkäufer zog seine Verkaufstaktik konsequent durch.

DEAL OR NO DEAL?

Die Taktik des Eisverkäufers von Capri ist eines der größten Geheimnisse, um seinen Umsatz zu verdoppeln. Deshalb möchte ich mit Ihnen einen Deal machen: Wann immer wir uns auf meinen Veranstaltungen treffen bzw. kennenlernen, sagen Sie mir klipp und klar, um wie viel Sie Ihren Umsatz alleine durch diese Taktik steigern konnten. Nehmen Sie die Vereinbarung an.

Einscannen & profitieren
DOWNLOADS
zum Buch

Mein schier unglaubliches Fazit: In der Minute wickelt er ungefähr zwei Kunden ab. Neun von zehn Kunden nehmen seine Empfehlung an. Der eine, der seiner Empfehlung nicht folgt, bekommt auf einem Probierlöffel seine Empfehlung gratis obendrauf – und beide haben ein breites Grinsen im Gesicht ☺. Der Eisladen öffnet morgens um acht, halb neun, wenn die ersten Tagestouristen eintreffen, und schließt weit nach Mitternacht. Sieben Tage die Woche. Immer eine Schlange. In den Stoßzeiten am Nachmittag und spätabends sehr lange, sonst etwas kürzer. Der Eisverkauf läuft also nonstop – von Anfang März bis Ende Oktober. Und das Verkaufsgeschick des Eisverkäufers geht sogar noch weiter. Gemäß „Via negativa" lässt er alles weg, was unnötig ist. Er verzettelt sich nicht mit 28 Eissorten, mit „hippem Zeug" wie Erdbeer-Chili oder Schoko-Ingwer (in München gibt es eine Eisdiele, die als neue Sorte sogar „Leberwurst" anbietet, igitt).

Nein, das hat der Mann aus Capri alles nicht. Er verkauft genau acht Sorten – aber alle perfekt kombinierbar! Dazu überrascht er seine Kunden mit dem kurzen Satz „Dazu empfehle ich Ihnen …" in sechs, sieben Sprachen. Sein Aufwand ist relativ klein. Der Erfolg gigantisch. Denn wenn man das alles einmal hochrechnet, macht der „kleine" Eisverkäufer durch sein supercooles „Empfehlungsmarketing" – bitte festhalten! – tatsächlich eine halbe Million Euro Mehrumsatz im Jahr! Wahnsinn.

Deshalb kann ich Ihnen nur dringend raten: Wenden Sie den Eisverkäufer-Trick an! Kombinieren Sie! Wenn Ihr Kunde im Abschlussmoment sagt: Mach ich, will ich, kauf ich …, dann muss auch von Ihnen reflexartig kommen: Und dazu empfehle ich Ihnen … Nicht als Frage. Nicht: Wollen Sie? Das hat eine zu hohe Nein-Wahrscheinlichkeit. Sondern ganz sympathisch, aber sehr verbindlich: Und dazu empfehle ich Ihnen … Beherzigen Sie nur diese Idee, diesen kleinen Satz, dann hat sich der Kauf dieses Buches für Sie schon gelohnt. Das verspreche ich Ihnen. Natürlich müssen Sie dazu im Vorfeld überlegen, welche Produkte perfekt zusammenpassen – wie das Joghurt-Eis zum Kirsch-Eis …

TOPP, DIE WETTE GILT!

„Wenn Sie einen Eisverkäufer kennen, der noch mehr Umsatz macht, gebe ich Ihnen eine Riesenportion Eis aus. Versprochen!"

4.2 Der Prozente-Dreh

Und jetzt möchte ich das Ganze noch zuspitzen und einen Turbo einbauen: die Referenzmethode. Zur Erklärung ein kleiner Test, den ich im Rahmen eines Lehrauftrags mit meinen Studenten gemacht habe. Sicher kennen Sie den höflich formulierten Zettel aus Hotelbädern: Wie freuen uns, wenn Sie Ihr Handtuch aus Umweltschutzgründen ein zweites Mal verwenden. Oder so ähnlich. Wir haben diese Bitte in mehreren großen Hotel und in Absprache mit dem Hotelmanagement ergänzt und geschrieben: 92 Prozent unserer Gäste benützen ihr Handtuch ein zweites Mal … Nur aufgrund dieser Referenzaussage verwendeten knapp die Hälfte der Gäste (im Vergleich zu vorher) ihr Handtuch wirklich ein weiteres Mal.

Der Hammer, wenn Sie jetzt die geniale Idee des Eisverkäufers mit dem Handtuch-Turbo kombinieren! Besser können Sie Ihr Geschäft gar nicht pushen. Im Klartext: Sagt Ihr Kunde „Mach ich", kommt von Ihnen „Und dazu empfehle ich Ihnen …". Kunstpause. „Übrigens machen das 92 Prozent meiner Kunden auch so – und nehmen zu diesem Produkt noch jenes Produkt dazu!"

Sollten Sie keine 92 Prozent im Angebot haben, können Sie die Referenzmethode auch ohne hohe Prozentzahl in etwa so anwenden: Herr Kunde, andere Kunden, die zu ihrer Entscheidung noch dieses Angebot dazugenommen haben, sind genau die Kunden, die mir stets die besten Rückmeldungen geben.

" *Hallo Herr Rankel, Ihre Impulse führten in meinem Team jetzt noch einmal zu einem Umsatzplus von weiteren 28 Prozent! Danke für den Eisverkäufer – und vor allem für die Referenzmethode.* "

Wolf-Dietmar Eibensteiner, Vertriebsleiter

4.3 Das Bandel

Genial, wie viele umsatzsteigernde Pakete sich nach dieser Methode in jedem Geschäft schnüren lassen. Stellen Sie sich vor, ein Bäcker greift die Idee auf und bietet zu jedem Cappuccino eine Butterbreze zu einem besonderen Preis. Ich wette, dann würden viel mehr Leute nicht nur das eine oder andere kaufen, sondern beides. Oder der Kellner würde im Lieblingsitaliener zu jedem bestellten Espresso sagen: „… und dazu empfehle ich Ihnen unser hausgemachtes Tiramisu." Ich wette, auch da wäre ein Umsatzplus sicher…

Halt! Käme dazu noch die Referenzmethode „Unsere Gäste schwärmen förmlich davon", wäre das das Kakaopulver auf dem Tiramisu ☺. Das heißt: Sie dürfen sich schon einmal auf Seite 133 freuen.

4.4 Der Nutzen

Eine Art Umsatzturbo baut auch die österreichische Supermarktkette M-Preis ein. Kennen Sie vielleicht aus dem Urlaub oder als österreichischer Leser sowieso. M-Preis gibt es überall, meist auch im kleinsten Dorf. Auf dem Display an der Kasse dieser Läden taucht nicht nur der zu bezahlende Betrag auf. Entscheidender: Zusätzlich wird der Betrag ausgewiesen, den Sie bei Ihrem Einkauf als M-Preis-Kunde gespart haben.

Das heißt: Wenn Sie bei M-Preis acht, zehn, zwölf Artikel kaufen, sind drei, vier oder mehr davon automatisch im Angebot. Der Kassencomputer kumuliert die Gesamtbeträge der Sonderangebote – und Sie können sofort sehen, auf dem Display und auch auf Ihrem Kassenbon, was Sie gespart haben.

Ich garantiere Ihnen: Im Kopf bleibt der gesparte Betrag und nicht der, den Sie bezahlt haben. Ein cleverer Zusatznutzen, der die meisten Kunden mit Sicherheit wieder in den M-Preis treibt. Wobei und mit welcher Ersparnis können Sie bei Ihren Kunden glänzen? Noch besser, wenn Sie dann ganz nebenbei noch ein ersichtliches Problem Ihres Kunden lösen …

Das hat ein englischer Hersteller von Werbeplakaten genial geschafft: Denn jedes seiner Plakate hat oben eine ausgeklappte Abrundung, ähnlich wie ein kleines Vordach. Stehen Sie zum Beispiel an der Bushaltestelle und es beginnt zu regnen, können Sie sich dort unterstellen. Werbung mit Unterschlupf.

Welche Werbung wird die meiste Aufmerksamkeit bekommen!? Welche Werbung wird die höchsten Sympathien bekommen!? Und welche Werbung bietet den größten Nutzen!?

PSSSSST…

Lage, Lage, Lage,
sagt man bei einer Immobilie, ist wichtig.
Nutzen, Nutzen, Nutzen,
sage ich beim Verkauf, ist wichtig!

4.5 Das Problem daneben

Vielleicht haben Sie sich auch schon mal auf einem Ikea-Parkplatz vergnügt gefragt: Wie die wohl ihren Kartonturm in die kleine Karosse bekommen? Ein echtes Problem daneben. Ikea hat es gelöst. Braucht der Kofferraum für Regale & Co. eine Verlängerung, bietet das Einrichtungshaus einen geräumigen Leihanhänger. Die ersten drei Stunden kostenlos, für jede weitere Stunde 5 Euro. Mangelt es an einer Anhängerkupplung – auch kein Beinbruch. Dafür gibt es für die Do-it-yourself-Lieferung kleine Leihtransporter. Je nach Ikea-Standort ab 12 Euro die Stunde. Ein perfekter Service mit überschaubaren Preisen.

Mit einer ähnlich pfiffigen Idee beendete die Firma Würth schon vor vielen Jahren den ewigen Kummer vieler Heimwerker – einen totalen Verhau bei Schrauben, Dübeln, Muttern. Sie brachten übersichtliche Schraubensortierkästen auf den Markt. Das Problem daneben war gelöst – der Kunde happy.

Toll auch der Trick der dm-Drogeriemärkte. Dort finden Sie am Griff der meisten Einkaufswagen eine Lupe. Das kommt nicht nur älteren Kunden zugute. Viele Drogerieartikel sind klein verpackt, haben oft „mikroskopische" Aufschriften mit Inhaltsstoffen und anderen wichtigen Informationen für den Gebrauch … Da freut sich fast jeder über die praktische Lupe, die das Lesen interessanter Details erleichtert. Klar, dass dieser Vorteil gegenüber anderen Drogeriemärkten für Begeisterung und Kundentreue sorgt.

Ein (Zeit-)Problem daneben habe ich für meinen Autowaschmann Marius clever gelöst.

Die ganze Geschichte: Meine Initialen RR sind für meinen Job: Reisen & Reden. Reisen zu meinen Vorträgen und Beratungsterminen. Reden über dieses eine so hochwichtige Thema: Wie kommt man zu mehr Kunden? Buchbar bin ich ausschließlich von Dienstag bis Freitag. Das Wochenende ist heilig – und der Montag seit Jahren schon mein Bürotag. Klar, dass die Planung an diesem Montag funktionieren muss. Eine (knappe) Woche in manchmal vier verschiedenen Städten, Aufträge in ebenso vielen unterschiedlichen Branchen, die Vorbereitung auf die hohen Erwartungen der Auftraggeber … Das alles vorbildlich zu meistern, braucht Zeit.

Und dazu bin ich auch noch ziemlich eitel – und lege beispielsweise größten Wert auf ein sauberes Auto. Für mich gar nicht so einfach: Meine Mädels sind passionierte Reiter und bringen vom Springturnier am Wochenende nicht nur Medaillen, sondern auch hartnäckigen Stallschmutz mit nach Hause – und vor allem in das Auto.

Eine gewöhnliche Waschstraße fällt also flach. Und das Auto immer zu meinem Waschservice zu bringen, wieder zurückzufahren oder gleich zu warten, nervt und kostet zusätzlich Zeit.

Deshalb kam ich – im eigenen Interesse – auf die geniale Idee zu einem mobilen Autowaschservice. Super, fand auch mein Autowaschmann Marius und setzte den Plan nach entsprechender Vorarbeit um. Ein Win-win-Geschäftsmodell, das sich sehr schnell etablierte.

„Wir kommen zu Ihnen und machen dort Ihr Auto sauber" steht groß und breit auf seinem Fahrzeug. Der mobile Autowaschservice wurde in unserem Revier sofort zum Renner! Seine Garage konnte Marius kündigen und dadurch einiges an Geld sparen. Für seinen Einsatz vor Ort nimmt er einen Aufpreis von 10 Euro – und alle sind happy. Einziger Wermutstropfen für mich: Freie Termine gibt es jetzt nicht mehr von einer auf die andere Stunde … Aber Marius hat seinen Umsatz verdoppelt ☺.

Apropos Auto. Ein großes Problem daneben früh erkannt und perfekt gelöst hat der Autobauer BMW. Das boomende Thema: Car-Sharing statt eigenes Fahrzeug – um die Umwelt zu schonen, aus finanziellen Gründen oder zum Beispiel auch für dauerfliegende Geschäftsleute, denen das Prozedere Leihwagen zu umständlich ist. Sie alle fahren auf das DriveNow-System ab. Und das funktioniert ganz einfach so:

Sie registrieren sich einmalig für 29 Euro Anmeldegebühr als Kunde – und erhalten damit an einer der Registrierungsstationen den Schlüssel zu allen BMWs oder MINIs aus der DriveNow-Flotte. Die Fahrzeuge, mit DriveNow-Aufschrift nicht zu übersehen, stehen überall bereit.

Das gewünschte Auto kann online, über eine App oder telefonisch erfragt und reserviert werden – 15 Minuten kostenfrei oder für 10 Cent/Minute bis zu acht Stunden. Spontan geht übrigens auch. Dafür gibt es direkt an den Fahrzeugen ein Lesegerät, das die Verfügbarkeit anzeigt. Ziel erreicht? BMW i3, BMW X1, MINI Cabrio oder welches Modell auch immer einfach auf einem öffentlichen Parkplatz gebührenfrei abstellen.

Fertig. Genial! Problem „Ich habe gar kein Auto" gelöst!

4.6 Die Inszenierung

Als bekennender Schokopudding-Genießer bin ich ein großer Fan von „Dany Sahne". Sie wissen schon, der mit dem fluffigen Sahne-Topping. Früher steckte das köstliche Dessert in einem schmalen, hohen Becher. Dann tauchte es in einer völlig neuen Verpackung auf. Was war passiert? Ende der 90er-Jahre schrumpfte der bis dahin reißende Absatz mehr und mehr.

Alarmiert, setzte Danone Produktentwickler auf den Pudding an. Es wurde am Kakaogeschmack getüftelt, die Sahne noch fluffiger gemacht und im großen Stil an Kunden getestet. Ohne nennenswerte Umsatzsteigerung. Bis irgendjemand auf das Problem daneben kam: Durch die schmale Form des Bechers war die Sahne im Nu weggelöffelt – und von „Dany Sahne" blieben nur Pudding ohne Sahne und vor allem angepatzte Finger.

Die Lösung:

Eine breite, flache Becherform – und dazu gleich das werbewirksame Versprechen „Sahne bis zum letzten Löffel". Praktischer Nebeneffekt der „Dany Sahne"-Neuinszenierung: Die breiten Becher lassen sich gut stapeln, sodass schnell vier statt zwei in den Einkaufswagen wandern … Durch die Veränderung der Produktpräsentation stieg der Absatz in den folgenden Monaten um sage und schreibe 48 Prozent! Und „Dany Sahne" eroberte die Marktführerschaft zurück.

Wie außerordentlich wichtig die perfekte Inszenierung eines Produkts oder einer Dienstleistung ist und wie schnell ein unstimmiges Umfeld den Erfolg vernichten kann, beweist ein Experiment der Washington Post aus dem Jahr 2007.

Der Protagonist: Star-Geiger Joshua Bell.

In Straßenkleidung und mit Baseball-Kappe spielte der Ausnahmekünstler inkognito in einer U-Bahnstation 43 Minuten lang Johann Sebastian Bach, Schubert und andere Klassik-Komponisten. Wie immer auf seiner Vier-Millionen-Dollar-Stradivari. Wie immer einzigartig. Von 1097 vorbeigehenden Personen blieben nur sieben stehen, um ihm zuzuhören. Nur eine erkannte ihn. Die Ausbeute des weltberühmten Violinisten: 32,17 US-Dollar! 0,07 Prozent seiner üblichen Gage von normalerweise 45.000 US-Dollar.

Eindrucksvoller lässt es sich nicht verdeutlichen:

Sie können der Beste sein, das beste Produkt haben. Wenn Sie sich bzw. Ihr Produkt nicht in Szene setzen, wird der Erfolg ausbleiben. Sie müssen im Verkauf Wege gehen, die den Kunden faszinieren und die Sie unverwechselbar machen.

4.7 Der Überraschungseffekt

Die Umsatzstärksten beherrschen auch ihn. So wie eine der besten Werbeagenturen, die ich vor einigen Jahren schulen durfte. Hochsommer, ein Tag heißer als der andere. Am heißesten Tag ließ diese Agentur ihre Kunden von einem Tiefkühlfachmann mit erfrischendem Eis beliefern. Und zwar nicht nur die Geschäftsleitung, sondern die gesamte Belegschaft! Es gab für alle Eiskonfekt mit einem Riesen-Überraschungseffekt.

Begeisterung pur – und die Agentur war bei allen Kunden durch die Bank positiv belegt. Sie können fast sicher sein: Auch wechselwillige Firmen, die vielleicht schon an einem Projekt mit einer anderen Agentur gefeilt hatten, machten einen Rückzieher und blieben den „Eisverteilern" treu.

Überrascht werden Sie auch bei manchen MINI-Händlern, wenn Sie Ihr Fahrzeug nach der Inspektion, einer Reparatur oder dem Reifenwechsel abholen. Am Lenkrad hängt ein handgeschriebener Zettel: „Schön, dass du wieder da bist. Ich habe dich vermisst." Supernette Geste, um zwischen Fahrer und Fahrzeug eine Beziehung aufzubauen – und auch im größten Stress für ein amüsiertes Lächeln gut.

Und noch so eine kleine, aber feine Überraschung, die mich kürzlich sofort um den Finger gewickelt hat. In einem Hotel im Spessart wurde ich abends beim Einchecken gefragt: „Wünschen Sie einen Weckruf?" Ist normalerweise nicht so mein Ding, weil mein Smartphone das ja auch kann. Diesmal sagte ich ja. In der Früh klingelte das Telefon und eine freundliche Stimme verkündete: „Einen schönen guten Morgen, Herr Rankel, Ihr Kaffee ist fertig!" Wie sympathisch ist das denn? Und allein deshalb habe schon zigmal über dieses Hotel erzählt.

Einen Mega-Überraschungseffekt lieferte Apple-Mitbegründer Steve Jobs bei der Präsentation des ersten iPhone. Zuerst begeisterte er das Fachpublikum mit drei neuen Geräten – einem iPod mit Touch-Display, einem Handy mit tollen Eigenschaften, einem Mini-Internet-Gerät „to go". Die Leute waren aus dem Häuschen. Dann kam der Hammer: Jobs enthüllte, dass es sich in Wirklichkeit nicht um drei Geräte handelt, sondern um ein einziges!

Wow-Startschuss für die Weltkarriere des iPhone!

1

8

7

Jahrestag
Geschäftsbeziehung
Agentur ARTVERTISEMENT

15

14

3

4.8 Die Beziehungsebene

Von mir selbst mehrmals erprobt – und für klasse befunden. Als ich 2003 als Verkaufstrainer startete, hatte ich das Glück, eine Empfehlung zu Microsoft zu bekommen. Der damalige Chef der Aus- und Weiterbildung klingelte bei mir an, interessierte sich sehr für meine Seminare – eine erste Buchung blieb aber zunächst aus.

Meine Idee: Ich erkundigte mich bei einer Assistentin nach seiner Schuhgröße, schickte ihm ein Paar lässige Turnschuhe im Microsoft-Style und legte eine Karte mit dazu.

Seit dieser Karte werde ich regelmäßig von Microsoft gebucht!

Einen Wahnsinnserfolg bestätigte mir auch der Macher einer Event-Agentur, dem ich meinen Schuhtrick bei einem Seminar verraten hatte. Er schnürte Päckchen mit Kinderschuhen und verschickte sie an einen Zielkunden mit dem Hinweis: „Noch steckt unsere Zusammenarbeit in den Kinderschuhen, aber mich würde es sehr freuen, wenn sich das in naher Zukunft ändern könnte."

Einfach cool finde ich auch einen etwas anderen „Geburtstagsanruf". Denn klassisch zum eigentlichen Ehrentag klingelt ja jeder an. Überraschen Sie Ihren Kunden am Jahrestag Ihres ersten Kontakts! In etwa so: „Herr Kunde, wissen Sie eigentlich, welchen Tag wir heute haben?" Der Kunde nennt das Datum – und Sie fragen: „Und wissen Sie auch, was genau vor einem Jahr war? Da haben wir uns auf Empfehlung von Herrn XY kennengelernt. Und deshalb für die gute Zusammenarbeit in den vergangenen zwölf Monaten ein herzliches Dankeschön." Witzig, sehr persönlich – und Ihrem Kunden wird gratuliert, wenn er gar nicht damit rechnet.

Potenzial für eine Beziehungsebene liefert auch eine nette Geste in einer Steakhaus-Kette. Auf Ihre Rechnung wird von Ihrer Bedienung immer eine Sonne gezeichnet, oft noch zusätzlich mit einem kleinen Spruch versehen. Angeblich bringt das über 20 Prozent mehr Trinkgeld. Vielversprechend für Ihre Kundenbindung: Ein Post-it auf Ihrer Rechnung mit einer persönlichen Notiz – und warum nicht auch eine Sonne …

Apropos Trinkgeld.
Nicht nur eine nette Botschaft punktet. Wie ich in einer US-Studie gelesen habe, bekommen Kellnerinnen im Durchschnitt 37 Prozent mehr Trinkgeld, wenn sie beim Kassieren ihre Gäste kurz und flüchtig berühren …

4.9 Die Wegzieh-Falle

Zuckerrohr und Peitsche, wenn Sie so wollen. Auf der einen Seite verwöhnen wir den Kunden mit Überraschungsmomenten, mit Zusatznutzen, mit der Lösung des Problems danebeñ ... Auf der anderen Seite – und das gehört mit zum Spiel – müssen wir ein Produkt, eine Dienstleistung auch mal wegziehen, vermeintlich vorenthalten. Das erhöht die Begehrlichkeit.

Für Furore sorgte in diesem Zusammenhang die Werbung für den VW Golf GTI vor vielen Jahren. Damals prangte dazu auf allen Prospekten und Plakaten der Satz: „Ab 21 Jahren. Eine Empfehlung Ihres Autohauses." Fies. Der Flitzer wurde praktisch allen 18-, 19- und 20-Jährigen weggezogen, vorenthalten. Mit durchschlagender Wirkung! Genau diese Altersgruppe löste einen unglaublichen Run auf den GTI aus. Dass der enorme Absatz durch den Wegzieh-Trick jede Menge Mehrumsatz in die VW-Kassen spülte, lässt sich leicht nachvollziehen.

Dieser Trick der Umsatzstärksten soll auch den Firmengründer der McFit-Kette, Rainer Schaller, zu einem der reichsten Deutschen gemacht haben. Nach der Eröffnung seiner ersten Fitnessstudios platzierte er wenige Tage später Plakate mit

der Aufschrift: Aufnahmestopp! Obwohl die Studios nicht ausgebucht waren. Diese Aktion löste den sogenannten Tipping-Point, einen explosionsartigen Beschleuniger, aus. Am Ende seines „Aufnahmestopps" konnte er eine Riesenflut an neuen Mitgliedschaften verkaufen. Mit weit über einer Million Mitgliedern an über 180 Standorten ist die McFit GmbH inzwischen Marktführer in Europa. Die wirkungsvolle Wegzieh-Taktik machen sich auch sogenannte Pop-up-Shops zunutze. Dabei handelt es sich um Geschäfte, die bestimmte Produkte nur für einen begrenzten Zeitraum anbieten. Diese künstliche Verknappung macht nicht nur extrem neugierig auf das Angebot. Sie soll die Kunden zusätzlich dazu anstacheln, schnell zuzuschlagen.

Ein Trick, der in vielen Bereichen bekanntermaßen auch das Onlinegeschäft ankurbelt. Anmerkungen wie „Nur noch dreimal verfügbar" oder „Das Angebot gilt nur heute" erhöhen den Anreiz und den Druck, sich sofort für ein Produkt zu entscheiden. Wer zu spät kommt, wird durch den Entzug „bestraft" … Zugegeben, eine nicht ganz lupenreine Masche vieler Onlinehändler, weil bei solchen Angaben oft gemogelt, der Entzug nur vorgegaukelt wird …

Im Gegensatz dazu sorgt der Süßigkeiten-Konzern Ferrero seit vielen Jahren mit einer echten Verknappung für Hamsterkäufe und in der Folge vermutlich für Umsatzspitzen. In der schon traditionellen Sommerpause verschwinden Schoko- und Pralinenspezialitäten wie „Überraschungseier", Mon Chéri, Ferrero Küsschen & Co. für drei bis vier Monate aus den Regalen. Der eigentliche Grund: Die zartschmelzenden Schleckereien könnten bei sehr hohen Temperaturen Wärmeschäden und dadurch mögliche Qualitätsverluste erleiden. Klar dürfte aber auch sein, dass diese Strategie die Marke erheblich stärkt und den Absatz vor und nach der Pause enorm ankurbelt.

Auch wenn Sie weder Autos noch Fitnessverträge oder hitzeempfindliche Süßigkeiten verkaufen: Sehen Sie diese Beispiele als Anregung, in Ihrem Bereich mit der Wegzieh-Falle zu punkten. Konfrontieren Sie Ihre Kunden mit Sätzen wie: „Ich hätte da ein gutes Angebot, aber ich weiß nicht, ob Sie das wirklich anspricht." Wecken Sie dadurch ein gesteigertes Interesse Ihres Kunden. Fordern Sie ihn geradezu zu der Antwort heraus: „Warum soll das nichts für mich sein? Lassen Sie hören." Und schon sind Sie Ihrem Verkaufserfolg einen großen Schritt näher.

Ein Praxisbeispiel: Als Finanzdienstleister wollen Sie Ihrem unentschlossenen Kunden ein bestimmtes Finanzierungspaket empfehlen. Auf Widerstände vorbereitet, wenden Sie die Wegzieh-Falle an. Sie spielen galant damit, ihm ein gutes Angebot eventuell vorzuenthalten, und sagen beispielsweise: „Ganz ehrlich, ich habe Ihnen dieses tolle Angebot gar nicht weiterberechnet, weil es zu diesen guten Konditionen nur noch bis Ende der Woche gültig ist und ich mir vorstellen kann, dass Ihnen das zu knapp ist." Das lässt den Kunden aufhorchen und weckt seine Begehrlichkeit genau für dieses Produkt. Er wird wissen wollen, wie gut die Konditionen im Einzelnen sind und ob es möglich ist, sich die Leistung kurzfristig bis Ende der Woche zu sichern. Sie sind wieder voll im Gespräch – und die Wahrscheinlichkeit ist groß, zu einem Abschluss zu kommen.

4.10 Die Aspirin-Taktik

Dem Kunden zuerst „Kopfschmerzen" bereiten – und dann das richtige Mittel dagegen präsentieren. Ähnlich wie die Wegzieh-Falle eine provokative Methode, einen Abschluss zu erreichen. Mit sehr viel Witz macht das zum Beispiel der clevere Staubsauger-Vertreter. Er startet sein Verkaufsgespräch mit der Frage: „Könnte ich bitte ein Kopfkissen bekommen?" Die Kundin – vermutlich etwas irritiert – holt ein Kissen aus dem Schlafzimmer. Der Vertreter fährt mit seinem Staubsauger darüber, zückt dann eine mikroskopische Lupe und zeigt der Kundin durch das Vergrößerungsglas, was sich so alles in ihrem Kissen tummelt. Vieles davon lebt und hat lange Beine …

Klar, dass die Kundin nur eine Option hat: den Staubsauger zu kaufen. Oder sie müsste in Zukunft aufrecht schlafen. Dieser Verkaufsturbo funktioniert nur, weil der Kundin das Problem (in ihrem Kissen) anschaulich aufgezeigt wird. Wie bei dem klassischen Aspirin-Verkäufer, der zuerst Kopfschmerzen verursacht und dann das Aspirin nachreicht. Würde der Staubsauger-Vertreter gleich das Aspirin zücken, also gleich über die Leistungsmerkmale seines Produkts erzählen, dann würde die Kundin zögern. Es gibt ja kein Problem. Durch das Vergrößerungsglas hat sie jetzt eines und sogar ein sehr großes. Der Kauf ist dadurch schon fast eine logische Konsequenz.

Cool ist auch die Aspirin-Idee eines Hotels im New Yorker Bankenviertel. Im Eingangsbereich hängt ein Spiegel und darunter steht: Sie sehen hungrig aus. Wiederum darunter die Namen und Kurzbeschreibungen der Hotel-Restaurants. Wetten, dass die meisten überlegen, ob sie hungrig sind – und ein Teil gleich in Richtung Restaurants durchstartet? Einfach clever!

Es geht aber auch krasser: Ein Sicherheitsberater für Raumüberwachung knöpft dem Kunden bei der Besichtigung dessen Altbauwohnung ganz galant die Schlüssel ab, geht mit ihm nach draußen vor die Tür und sperrt sich bewusst aus. Schmeißt also den Schlüssel in den Flur und die Tür mit Schmackes ins Schloss.

Der Kunde perplex: „Und jetzt?" Doch kaum ist der kleine Schock überwunden, hat der Sicherheitsexperte die (unsichere) Tür wieder geöffnet und damit aufgezeigt, wie schnell sie sich „knacken" lässt. „Kopfschmerzen" unvermeidlich. Sicherheitslösung verkauft.

#5

Fünftes Geheimnis

Trojanisches Marketing – das beste Pferd im Stall

Mythos oder Überlieferung – in jedem Fall eine erfolgreiche List: das trojanische Pferd. Um die lange umkämpfte Stadt Troja zu erobern, zimmerten die alten Griechen das besagte überdimensionale Holzpferd, versteckten 23 ihrer größten Helden wie Odysseus und Menelaos in seinem Bauch und verkauften es den Trojanern als Weihgeschenk an die Göttin Athene. Die zerrten das Riesending in ihre Stadt – und schon ging der kluge Plan auf. Die schlauen Griechen sprangen im Schutz der Dunkelheit aus dem Holzpferd, öffneten ihrem Heer die Stadttore und sicherten sich so den Sieg über Troja.

Absolut genial und der Basisgedanke für trojanisches Marketing. Für die einen mag das heißen, den Kunden auszutricksen und abzukassieren. Für den anderen verstecken sich in der Geschichte clevere Strategien, den Kunden zu erobern und langfristig an sich zu binden. Als Vorreiter der trojanischen Marketingidee setzte John D. Rockefeller Senior (1839 – 1937) Maßstäbe.

5.1 Der Rockefeller-Streich

Laut einer Anekdote über den ersten Dollar-Milliardär der Welt verschenkte der Öltitan John D. Rockefeller Senior mit Vorliebe Öllampen. Die Menschen freuten sich über die Licht- und Wärmespender – und Rockefeller freute sich über seine Marketinglist: Je mehr Öllampen er unter die Leute brachte, umso reichlicher wurde Öl gebraucht, an dem er gut mitverdiente. Das war nur einer von vielen kleinen, genialen Schachzügen. Für Rockefeller machte eben auch Kleinvieh Mist. Das Ende seiner Strategien ist bekannt: Nach Schätzungen besaß John D. Rockefeller Senior in den Zwanziger-jahren, von Forbes auf heutige Verhältnisse umgerechnet, rund 300 Milliarden US-Dollar.

Zu den bekanntesten Trojanern der Gegenwart zählt sicherlich Nespresso von Nestlé. Hollywood-Star George Clooney hält die frische Tasse Espresso in die Kamera, kokettiert mit dem Zuschauer oder besser gesagt mit der Zuschauerin, flirtet nebenbei mit hübschen Damen und empfiehlt auf seine smarte Art: Nespresso, what else! Ein gelungener und äußerst erfolgreicher Werbespot. Aber der wesentlich größere Marketingkniff steckt in einem kleinen, feinen und vor allem sehr cleveren Detail: der Kapseltaktik! Denn nicht die stylishen Kaffee-Automaten zu moderaten Preisen sorgen für Mega-Einnahmen. Experten sprechen sogar davon, dass die Maschinen von Nespresso subventioniert werden. Und warum? Der gigantische Gewinn findet erst danach statt – durch den Verkauf von etwa acht Milliarden Kaffee-kapseln im Jahr, zu einem stolzen Einzelpreis von durchschnittlich 37 Cent. Die Kapselidee wurde zwar inzwischen oft kopiert, aber nicht erreicht. Nespresso gilt nach wie vor als Marktführer in diesem Kaffeesegment.

Ganz nebenbei bemerkt: Nach Berechnungen von Stiftung Warentest kostet der Dauergenuss von Kapselkaffee den Verbraucher im Durchschnitt mehr als doppelt so viel wie Kaffee aus Tüte oder Dose.

Natürlich müssen Sie für einen gewinnträchtigen Trojaner nicht gleich mit Millionen jonglieren. Versteckte Marketingtricks funktionieren in jedem Geschäft. Das beweisen folgende Trojaner, die ich selbst in zwei Betrieben installiert habe. Das erste Beispiel kommt aus der Kosmetikbranche, für die ich in verschiedenen Bereichen beratend tätig bin. Eine Firma klagte über zunehmende Probleme, hochwertige, teure Cremes & Co. im Direktvertrieb zu verkaufen. Meine Idee, um den Absatz wieder anzukurbeln: eine kostenlose Hautanalyse. Der Schlüssel zum Erfolg, wie sich schnell herausstellte. Durch den Gratishautcheck konnten leichter Kundentermine vereinbart und gezielter auf individuelle Bedürfnisse der Kundinnen eingegangen werden. Die Verkäuferinnen hatten überzeugendere Argumente, Produkte gegen störende Rötungen, mangelnde Feuchtigkeit oder zur Talgregulierung erfolgreich anzubieten. Die Verkäuferinnen wurden so zu Expertinnen. Den Kundinnen brachte die Behandlung echten Nutzen und sie waren sehr zufrieden. Das erhöhte sowohl die Umsatzquote als auch die Empfehlungsquote.

Wie multiplizierbar die Technik des Marketingtrojaners ist, zeigt auch mein nächstes Beispiel aus einem völlig anderen Dienstleistungsbereich, der Landwirtschaft. Die Aufgabenstellung war trotzdem ähnlich. Maisvertreter taten sich schwer, ihr Produkt an den Bauern zu bringen. Viel Konkurrenz vereitelte oft schon im Vorfeld einen Besuch in landwirtschaftlichen Betrieben. Eine Lösung musste her.

Mein Vorschlag: kostenlose Bodenproben, um individuell abgestimmtes Saatgut anbieten zu können. Durch dieses Zusatzangebot reagierten die Landwirte plötzlich sehr positiv auf den Vertreterbesuch. Der Verkäufer wechselte in den Expertenstatus, genoss ein besseres Ansehen, konnte mit dem Landwirt fachsimpeln und durch das Ergebnis der Bodenproben gezielt die optimale Maissorte für genau diesen Boden empfehlen.

Die deutlich verbesserte Beratung machte die Runde, der „Bodenprobentyp" war kein lästiger Vertreter mehr, sondern der Maisexperte, den die Landwirte am Stammtisch über den Klee lobten und gerne ihren Nachbarn weiterempfahlen.

5.2 Der Kundenmagnet

Für eine Fernsehproduktion besuchte ich vor einiger Zeit eine Reihe kleiner Einzelhändler, um den eher schlecht laufenden Geschäften neuen Schwung zu verpassen. Darunter war ein Münchener Fahrradladen, dem ich als Zugpferd für den Verkauf seiner Drahtesel einen – Achtung, jetzt wird's bayrisch – „Radlladn-Handwaschservice" ans Herz legte. Und der läuft seitdem so ab: Zwei Studenten waschen und polieren für 4,90 Euro jedes Fahrrad vom Lenker bis zur letzten Speiche, wohlgemerkt mit der Hand und supergründlich. Die Wartezeit der Service-Kunden wird mit Espresso, Cappuccino, Latte macchiato versüßt. Die Studenten schaffen in der Stunde jeweils drei Räder, kommen so auf einen Stundenlohn von 14,70 Euro plus sattes Trinkgeld, refinanzieren sich damit selber, den Kaffee sponsert der Ladenbesitzer. Und was passierte in kürzester Zeit? Dieser Laden wurde zum echten Hotspot. Fahrradfans geben sich die Klinke in die Hand. Von dort aus starten Fahrradtouren – und neue Bikes werden natürlich auch nur noch im Radlwaschladen gekauft. Versteht sich, dass der Umsatz dadurch schwer gestiegen ist …

Einscannen & profitieren
DOWNLOADS
zum Buch

Ähnlich cool und clever: Ein Münchener Vespa-Laden, bei dem die Kasse durch richtiges Italien-Roadfeeling klingelt. Dazu gehören nicht nur Espressoschlürfen und Insider-Schwätzchen rund um das Kultzweirad an der stylishen Bar. Ein Service, inspiriert von kleinen italienischen Landstraßen-Werkstätten, um zum Beispiel Reparaturzeiten zu verkürzen. Die Betreiber des Vespa-Ladens bieten auch regelmäßige Schrauberkurse für Vespa-Fans aller Altersklassen, koordinieren Vespa-Ausflüge und geben sogar mit kleinen italienischen Kochkursen für ihre Kunden Gas. Klar, dass die Vespa-Gemeinde total darauf abfährt.

5.3 Das Ungewohnte

Die Beratungsanfrage eines Kunden führte mich vor einigen Jahren in die Schweiz. Das vorgefundene Problem: Der Handelsvertreter für Lichteinrichtungen musste immer vollbepackt mit Mustern, Lampen und Zubehör zu den Einzelhändlern, um dort wieder alles umständlich und wenig ansprechend auszupacken. Unzumutbar für den Vertreter und vor allem für dessen Kunden. Die rettende Idee: ein Business-Van, umgestaltet in einen rollenden Showroom! Die neueste Kollektion konnte ab sofort wunderbar präsentiert werden. Der Vertreter musste nur vorfahren, in sein durchdesigntes Lampenreich mit zwei schicken Clubsesseln bitten – und einem gewinnträchtigen Verkaufsgespräch stand nichts mehr im Wege.

Der rollende Showroom wurde zum absoluten Magneten, zog regionale und überregionale Medien und mehr und mehr Kunden an. Mit dem trojanischen Pferd auf Rädern war die Schlacht um ein verkaufsförderndes Extrabonbon geschlagen.

Auf die Sprünge half dieser Tipp von mir übrigens auch einem Schweizer Vermögensberater, der viele, zum Teil weit verstreute Kunden in ländlichen Regionen betreute. Am meisten haderte der gute Mann allerdings mit dem Schicksal, dass er sich in den Landhäusern mit seinem edlen Zwirn hinter Küchentische zwängen musste, von schlabbernden Hunden bekleckert oder von kindlichen Nutella-Fingern angepatscht wurde. Mit dem Umbau eines Business-Vans in das erste rollende Beratungsbüro der Schweiz hatte sein Leid ein Ende und sein Geschäft einen richtig guten Neuanfang. Ungestört von häuslichem Alltagstrubel und Trouble finden die Verkaufsgespräche jetzt in entspannter und anspruchsvoller Atmosphäre statt. Dazu gibt es eine Tasse Espresso (wahrscheinlich von Nespresso ☺). Das rollende Beratungsbüro hat sich herumgesprochen, wird von zufriedenen Kunden stark frequentiert – und die Story wird oft weitererzählt.

Schon einmal von dem durchschnittlichen deutschen Wohnzimmer gehört? Dann googeln Sie doch mal die Werbeagentur Jung von Matt (JvM), die diese Wahnsinnsidee vor Jahren umgesetzt und ein Durchschnittswohnzimmer eingerichtet hat. Perfekt bis ins kleinste Detail. Der Raum entspricht in Größe, Höhe, Platzierung der Tür (inklusive Zargen und Griff) dem durchschnittlichen deutschen Wohnzimmer. Er ist ausgelegt mit dem Teppich, der am häufigsten ausgewählt wird. Wohlgemerkt Teppich, denn der führt immer noch vor Parkett & Co. Und selbst das Regal war nicht egal. Es ist das bekannte „Billy" von Ikea. Dazu kommen Flatscreen, Glastisch, Spitzendecke, Ferrari-Miniatur … Alles empirisch ermittelt. Wenn Firmen sich für Werbemaßnahmen von JvM beraten lassen, finden diese Besprechungen nicht in klassischen Konferenzräumen, sondern im durchschnittlichen deutschen Wohnzimmer statt. Dazu gibt es Bier, wie meistens im deutschen Durchschnittswohnzimmer – natürlich genau die Marke, die am häufigsten getrunken wird.

Warum das alles? Mitarbeiter der Agentur und ihre Kunden sollen sich quasi vor Ort in die Konsumenten hineinversetzen, deren Sichtweise für erfolgreiche Werbung einnehmen. Schließlich sind es genau die, die auf spätere TV-Spots und Plakate positiv reagieren müssen. So weit die Idee. Das Geniale geht aber noch weiter: Jeder, der schon einmal davon gehört oder sogar auf dem Durchschnittssofa von JvM Platz genommen hat, wird das vielen anderen erzählen.

Und ganz ehrlich: Tendenziell würde auch ich Jung von Matt einer anderen Agentur vorziehen. Denn das sind doch die mit dem durchschnittlichen deutschen Wohnzimmer.

Für Sie ist mehr Umsatz eine Herzenssache und Sie wollen mehr davon?
Dann gehen Sie einfach auf

und holen Sie sich weiterführende Tipps & Tricks. Kostenlos!

5.4 Der besondere Köder

Wissen Sie, welcher der größte Spielzeugvertreiber der Welt ist? Nicht Matell, nicht Lego, nicht Toys „R" Us – sondern McDonald's! Tatsache. Ich gebe zu, auch meine Tochter war diesem Trojaner verfallen. Ich weiß nicht, wie oft wir uns mit Hamburgern, Cheeseburgern, Chicken Nuggets aus Happy-Meal-Tüten vollstopfen mussten, nur um an das begehrte Spielzeug zu kommen. An knuffige Tierchen, kultige Disney-Figuren und vieles mehr.

Ich selber bin ein Schoko-Junkie, auch wenn man mir das glücklicherweise nicht ansieht, und stehe deshalb total – jetzt nicht lachen – auf Überraschungseier. Den wenigsten geht es allerdings wie mir um die Schokolade. Sie sind verrückt nach dem versteckten Minispielzeug im Bauch des Trojaners. Während ich lieber das Schoko-Ei futtere, sammeln Ü-Ei-Freaks ganze Regale voll mit dem Plastikspielzeug.

Zwischen Trojaner und Manipulation gibt es diese lustigen Kinder-Einkaufswagen in Supermärkten. Wer denkt: „Ach, wie kinderlieb!", liegt leider falsch. In erster Linie dienen die bunten Wägelchen und witzigen Fahrzeuge dazu, dass schon die Kleinsten den Wagen kräftig vollschaufeln.

Eine wirklich nette Idee mit hilfreichen Hintergedanken hatte ich für ein Altenheim in Innsbruck. Dort gibt es einen täglichen Mittagstisch als günstiges Angebot für Gäste, die sich selbst nichts kochen können oder gerne auch mal in Gesellschaft essen.

Einzige Bedingung: Die Person muss mindestens 66 Jahre alt sein. Gereicht wird ein dreigängiges Menu für den machbaren Preis von 6,66 Euro. Auf diese Weise lernen die Rentner das Heim näher kennen – und fühlen sich so gut aufgehoben, dass dieser Ort als zukünftiger Wohnsitz vorgemerkt wird.

5.5 Die List

Den Gerüchten nach fuhr der österreichische Winzer Leo Hillinger eine Zeit lang eine wirklich coole Undercover-Strategie. Um den Verkauf seiner Weine anzuschieben, aß er regelmäßig in erstklassigen Restaurants, die von der Zeitschrift „Feinschmecker" prämiert wurden. Zu den verschiedenen Gängen fachsimpelte er mit dem Kellner über Weine. Spätestens beim fünften kam seine Frage: „Warum haben Sie eigentlich keinen Hillinger auf der Karte?"

Die folgenden Bestellungen zeigten dem cleveren Unternehmer, wie wirksam seine einfache List war. Inzwischen kann er längst damit werben, dass ein Drittel aller Feinschmecker-Restaurants Hillinger-Weine anbieten. Wesentlich besser und günstiger als klassische Werbeaktionen – und darüber hinaus verbunden mit einer exzellenten Mahlzeit.

Mittlerweile könnte Leo Hillinger nicht mehr undercover arbeiten: Er ist in Österreich bekannt wie ein bunter Hund, Juror der TV-Sendung „2 Minuten 2 Millionen", ähnlich dem deutschen Format „Die Höhle der Löwen". Zudem eröffnet Hillinger gerade in kurzen Abständen eine Vinothek nach der anderen. Ein Winzer der neuen Generation mit … FRECHMUT. Ein altdeutscher Begriff, der ausdrückt, um was es im wirksamen Marketing geht: frech zu sein – und mutig. Nicht übermütig, aber mutig!

Über eine andere, sehr nette und listige Akquise bin ich selbst buchstäblich gestolpert. An der Seepromenade von Rottach-Egern, also direkt am Tegernsee, lag ein „Goldklumpen" auf dem Gehweg. Natürlich bückte ich mich neugierig – und hielt einen mit Goldfarbe lackierten Stein in der Hand. Auf der Rückseite stand: Noch mehr Gold und schönen Schmuck finden Sie bei … Gefolgt von der Adresse eines Juweliers.

In 30 Minuten hoben mindestens 20 Passanten einen der verteilten Goldsteine auf, schmunzelten – und einige von ihnen haben sich beim nächsten Geschenkekauf sicher an den fantasievollen Goldschmied erinnert. Kleiner Einsatz, große Wirkung, um auf das eigene Angebot aufmerksam zu machen. Ebenfalls frechmutig ☺.

Roger Rankels
14. Empfehlungsgeber-
Wiesn

5.6 Das Event

Auf ein riesiges trojanisches Marketingpferd setzt Deutschlands größter Opelhändler, das Autohaus Häusler in München. Traditionell und dem Firmenprofil angemessen, startet Opel Häusler jedes Jahr „Bayerns größten Christbaumverkauf". Dieses Event hat sich mittlerweile so etabliert, dass alle Münchener Zeitungen und Radiosender selbstverständlich darüber berichten. Für das winterliche Highlight wird der häuslerische Hof für Tausende Bäumchen und Bäume frei gemacht. Im Angebot sind drei Kategorien: klein, mittel und groß. Der kleine Christbaum kostet 9 Euro, der mittlere 19 Euro, der große 29 Euro. Und dafür gibt es nicht irgendwelche Tannen, sondern echte hochwertige Nordmanntannen! Das heißt: ein absoluter Spitzenpreis, natürlich subventioniert. Der Trojaner ist offensichtlich: Tausende Menschen besuchen das Autohaus, schauen sich nebenbei die neuesten Modelle an, blättern in Katalogen ... Verstärkt wird die versteckte Autoschau durch einen zusätzlichen Trick: Man sucht sich einen Baum aus, bekommt einen Bon und marschiert zum Bezahlen in den vierten Stock – also einmal quer durch und vorbei an den aufpolierten Fahrzeugen. Zum Schluss fährt man sein Auto vor und packt seinen markierten Baum ein. Und wenn dadurch nur ein klitzekleiner Teil der vielen, vielen Christbaumkäufer zum künftigen Häusler-Klientel gehört, hat sich die Aktion schon gelohnt – und das Autohaus einen riesigen, fast kostenlosen Werbe-Effekt. So ein Mega-Event sprengt sicher den Rahmen vieler Geschäfte, ist im Kleinen aber unbedingt überlegenswert.

Auch ich biete einmal im Jahr ein besonderes Event: Zum Eröffnungstag des Münchener Oktoberfestes lade ich diejenigen ein, aufgrund deren Weiterempfehlung ein Seminar oder Vortrag gebucht wurde. Dazu habe ich alljährlich 40 Plätze in der Käfer Wiesn-Schänke und sage bei einer frischen Mass Bier und einem knusprigen Hendl: ein herzliches Dankeschön! Glauben Sie mir, das kommt mega an und manchmal höre ich, zumindest im Spaß: „Bitte, Rankel, was soll ich anstellen, um auf dein Wiesn-Event zu dürfen?" Meine Antwort: „Ganz einfach, mich erfolgreich weiterempfehlen!" Das sitzt und pusht meine Buchungen – auch wenn ich glücklicherweise auch ohne Verlockung weiterempfohlen werde. Aber wer kann schon von sich sagen, dass er am Eröffnungstag des Oktoberfestes zwischen all der Prominenz, den Stars und Sternchen, im Käfer-Zelt feiert ...

Bahnbrechend agiert BORA. Die Firma mit dem Hightech-Abzugssystem geht sogar hoch in die Luft, um Kunden von ihren Produkten zu überzeugen. Auf einem speziellen Truck ist eine gläserne Küche installiert, die bei Messen & Veranstaltungen für ein unvergleichliches Koch- und Schlemmerlebnis mittels Kran in 30 Meter Höhe gezogen wird. Klare Sicht und Hammer-Blick, versteht sich. Noch beeindruckender kann man kaum demonstrieren, wie dampf- und geruchlos die BORA-Produkte arbeiten. Und gut unterhalten kann man sich neben dem Kochherd in schwindelnder Höhe auch, weil das Gebläse des Dampfabzugssystems extrem leise ist. Ein rollender und fliegender Showroom der Extraklasse, der den Umsatz nach oben katapultiert, von dem gerne und viel erzählt wird und der laufend tolle Presse bekommt.

Und zum Schluss noch ein kleines Trojaner-Event, das auch Ihren Betrieb in abgewandelter Form auf Trab bringen kann: die regelmäßige Frischekur eines Garagenherstellers, der einen zusätzlichen Verkaufskick brauchte. Statt klassisch auf Kundenakquise zu gehen, veranstaltet die Firma jeden Samstag in einem anderen Wohngebiet eine Garagen-Waschaktion. Mit viel Schaum und Rambazamba wird Ihr Garagentor auf Wunsch blitzblank gescheuert. Praktisch für den Hersteller, wenn die Wäsche ein nicht mehr ganz so schickes Tor zutage fördert – und sich der eine oder andere für ein neues entscheidet. Als verkaufsfördernder Marketinggag ein echter Geheimtipp! Auch hier darf ich mir mit leichtem Stolz auf die Schulter klopfen und sagen: „Die Beratung hat sich gelohnt. Alleine durch diesen Kniff konnte ich dem Unternehmen echten Nutzen und vor allem mehr Umsatz bringen."

ANGEBOT
DES MONATS

- Datenflatrate
- SMS-Flat in alle Netze
- 120 Inklusivminuten*

€ 1,-*

mtl. € 20,-*

Jetzt bestellen

5.7 Das Lockangebot

Es geht natürlich auch ganz profan – ist aber sicher etwas bedenklich: Die Vorreiter für eher fiese Trojaner sind die bekannten 1-Euro-Handys. Eine Verlockung gerade für junge Leute, die sie jedoch zwei bis drei Jahre an einen relativ teuren Vertrag bindet. Fast noch profaner ist der Trick mit der teuersten Flüssigkeit der Welt, der Druckertinte. Man ersteht mit einem günstigen Label-Drucker ein vermeintliches Schnäppchen – und muss dann für die gesamte Betriebsdauer extrem teure und schnell aufgebrauchte Druckerpatronen kaufen. Und dann noch diese verdammten Rasierer für das Beste im Mann. Die Dinger kosten relativ wenig – die passenden Klingen genau dieser Marke dafür umso mehr.

Für eine einfache, aber wesentlich sympathischere Lösung in Sachen Lockvogel möchte ich aus dem Nähkästchen plaudern: Ein geschätzter Kollege von mir, ein Vortragsredner aus der Schweiz, der sich auf das Thema Gedächtnistraining spezialisiert hat, ist honorarfrei buchbar! Sie müssen also nicht Tausende von Euros hinlegen, um ihn für eine Veranstaltung zu ordern. Sie müssen ihm lediglich mindestens 100 Zuhörer garantieren.

Hintergrund: Der besagte Kollege hat ein relativ hochpreisiges Coaching-Programm entwickelt, das sich gut verkaufen lässt. Bei 100 Gästen oder mehr kann er sich sicher sein, so viele Programme zu verkaufen, dass der Gewinn locker sein eigentliches Honorar einspielt.

Das heißt: Der Kollege braucht keine Akquise, ist ausgebucht und hat ein sehr gutes Einkommen. Übrigens ein perfektes Beispiel für Dienstleister, die nicht unbedingt auf Verdoppeln aus sind, sondern durch einen cleveren Trick mit weniger Aufwand das Gleiche verdienen wollen.

5.8 Der Zusatznutzen

Mehr fürs Geld. Damit können Sie Kunden immer verzücken. Dazu zwei listige Anregungen, wie Sie einem Geschäft aufs (trojanische) Pferd helfen können.

Sie kennen sicher diese Staubsauger mit lebenslanger Garantie, die gerne belächelt werden.

Durch die Sicherheit, immer einen funktionierenden Staubsauger zu haben, sind viele bereit, einen hohen Preis zu bezahlen!

Und dann noch mein Lieblingsbeispiel als bekennender Wiesn-Gänger: Beim Kauf einer Lederhose in einem Münchener Laden für „Krachlederne" kaufst du die Garantie mit, die Hose jederzeit austauschen zu können. Rundet sich der Bauch oder werden die „gebuildeten" Beine strammer, dann gibt es ohne Umstände einfach eine größere oder kleinere Lederhose. Dazu muss der Nichtbayer allerdings wissen: Richtig kernig und typisch ist eine Lederhose sowieso erst, wenn sie Patina hat – und aufarbeiten kannst du die gut verarbeiteten, aus hochwertigem Leder geschneiderten Trachtenhosen aus eben diesem Münchener Laden auch nicht. Also, null Risiko – und ein Zusatznutzen mit „Ui"-Effekt, wie der Bayer sagt.

PSSSSST...

Gute „Give-aways" sind als Mehrwert gerne gesehen und können auch ein echter Kaufanreiz sein, so wie die begehrten Cola-Gläser bei McDonald's. Warum also nicht Kunden mit einer stylishen Gratisbeigabe „bestechen". Natürlich sollte das „Give-away" auf den Punkt zu Ihrem Geschäft passen, am besten einen Wiedererkennungswert haben und möglichst hochwertig sein.

5.9 Die Kundenwette

Unseriös? Keineswegs, wenn der Kunde dabei König bleibt. So wie bei der McDrive Challange, die eine norddeutsche McDonald's-Filiale kürzlich veranstaltete.

Der Deal:

Dauerte die Wartezeit von der Bestellung bis zur Warenausgabe länger als 90 Sekunden, gab es einen Big Mac gratis obendrauf. Ein Fest für unzählige Fast-Food-Fans, das mit vollem Einsatz der McDonald's-Crew zelebriert wurde. Sofort nach Abschluss der Bestellung bekamen die Autofahrer als Startschuss für das Rennen eine Stoppuhr in die Hand. Beim Boxenstopp am Ausgabeschalter schrubbte ein Waschteam noch schnell den Wagen. Tauchte dann im Fenster die bekannte braune Tüte auf, wurde stilecht mit schwarz-weiß karierter Flagge abgewinkt.

Die Gewinner: viele begeisterte Kunden – und der McDrive, der sich über viele neue Kunden freuen konnte. Eine superwitzige Idee. Mehr win-win geht fast nicht.

Doch! Dazu noch eine Win-win-Wette aus meiner Beratungspraxis, die dem Girogeschäft der Raiffeisen Landesbank Kärnten richtig Schwung verleiht.

Die Herausforderung:

Ein Problem aller Banken, dass zwar viele Leute das Girokonto wechseln würden, aber den Aufwand bzw. Zeitverlust scheuen.

Das Versprechen:

Der Banker schafft es, den Kontowechsel innerhalb von zehn Minuten abzuschließen. Schafft der Banker es nicht und benötigt er länger als zehn Minuten, bekommt der Kunde gleich mal gratis 20 Euro auf seinem neuen Konto gutgeschrieben. Das Geniale an der Aktion „10 Minuten, 20 Euro": Der Kunde gewinnt immer! Entweder der Banker ist blitzschnell und spart dem Kunden damit den befürchteten Aufwand. Oder der Banker braucht 11, 13 oder mehr Minuten und der Kunde kann sich über einen 20-Euro-Bonus freuen. Ebenfalls win-win.

APROPOS WETTE!

Wetten, dass auch Sie falsch handeln würden?

Eine Vertriebsexpertin hat zwei Töchter – aber nur eine Orange. Und beide möchten die Orange haben.

Was macht die Mutter?

Zehn von zehn Teilnehmern meiner Seminare sagen: teilen.

Doch die clevere Vertriebsexpertin kennt den „5-Warum-Fragen"-Trick des Toyota-Managers Taiichi Ohno und fragt deshalb: „Warum?" Die erste Tochter antwortet: „Ich brauche eh nur die Schale für einen Kuchen."

Die etwas vergrippte zweite Tochter antwortet: „Ich will mir nur einen O-Saft auspressen."

Problem schon im Ansatz gelöst.

Die 5-Warum-Fragen-Methode von Taiichi Ohno für Problemlösungen beruht auf dessen Erfahrung: Man muss fünfmal fragen „Warum ist das so?", dann lässt sich aus Symptomen die Ursache eines Problems ableiten. Die Anzahl der Nachfragen ist dabei mehr symbolisch gemeint und nicht unbedingt auf fünf festgelegt. Es wird einfach so lange mit „Warum?" nachgehakt, bis das eigentliche Problem identifiziert ist.

Ein anschauliches Beispiel von Taiichi Ohno selbst.

Das Problem: Maschinenversagen.

1. Warum hat die Maschine angehalten? - Eine Sicherung ist durchgebrannt, weil sie überlastet war.

2. Warum war die Maschine überlastet? - Am Kugellager war nicht genug Schmierstoff.

3. Warum hatte das Kugellager nicht genug Schmierstoff? - Die Schmierpumpe arbeitete mit einer zu geringen Leistung.

4. Warum arbeitete die Schmierpumpe mit einer zu geringen Leistung? - Die Welle war ausgeleiert.

5. Warum war die Welle ausgeleiert? - Metallteile sind hineingeraten, weil das Sieb fehlte.

Grundproblem erkannt. Ein voreiliger Lösungsversuch, hier zum Beispiel die Reparatur des Kugellagers, birgt die Gefahr, nur ein Symptom des Problems zu behandeln. Eine Scheinlösung, die zu viel schlimmeren Problemen führen und letztendlich sehr teuer werden kann.

Also: Nach dem „Warum" fragen und ein tief sitzendes Problem für ungebremsten Erfolg aus der Welt schaffen. Funktioniert hervorragend … WETTEN?!

Meine Überlegungen zur Umsatzverdopplung

Sechstes Geheimnis

Manipulieren Sie, aber richtig! – Und was ein blaues Spiegelei damit zu tun hat

Denken Sie bitte einmal an Bananen und erbrechen. Ja, Sie haben richtig gelesen: an Bananen und erbrechen!

Wie verarbeiten wir das in unserem Gehirn? Wir versuchen diese beiden eigenständigen Begriffe zu verknüpfen. Und auch wenn Sie noch nie wegen einer Banane erbrochen haben, überlegen Sie in Millisekunden, ob Ihnen zumindest schon einmal von einer Banane schlecht wurde oder Sie eine schlechte Banane deshalb nicht gegessen haben, oder, oder, oder.

So weit, so gut. Beim Mittagessen im Seminarhotel gibt es ein leckeres Nachspeisenbuffet. Unter anderem mit verschiedenen Sorten Obstsalat: aufgeschnittene Ananas, aufgeschnittene Kiwis und geschnittene Bananen.

Was passiert? Bei meiner Gruppe, der ich die zwei genannten Begriffe – Banane und erbrechen – zugerufen habe, werden im Schnitt weit weniger Bananen gegessen als bei den Personen aus den anderen Seminargruppen. So sehr habe ich sie mit zwei Begriffen beeinflusst.

Im positiven Sinn müssen Sie sich also im Klaren sein, dass Sie bei Ihren Kunden schon mit einzelnen Wörtern und Bildern einen nachhaltigen Eindruck hinterlassen. Sie können den Kunden also nicht nicht beeinflussen. Umsatzverdoppler sind sich dieser Wirkungsweise bewusst.

Als Verkaufstrainer werde ich oft gefragt, wie ich zum Thema Manipulation stehe. Ganz klar: stimulierende Kaufhausmusik und aufdringliches Duftmarketing hauen mich nicht vom Hocker! Also, wenn schon manipulieren, dann richtig!

6.1 Der Fliegentrick

Durchaus sinnvoll ist eine witzige Manipulation, die alle Männer kennen: die Fliege im Porzellan. Als Zielobjekt in Pissoirs oder fachsprachlich Urinalen. Klar, dass man(n) die Herausforderung annimmt, das Tierchen beim Pinkeln zu treffen! Allerdings, meine Herren: Abschießen kann man die Fliege nicht.

Es hat aber trotzdem einen Vorteil: Laut Untersuchungen landen durch diesen Trick 80 Prozent weniger Pinkelspritzer auf dem Boden. Beim Putzen der Toiletten muss das Reinigungspersonal entsprechend weniger wischen. Das spart Zeit, Putzmittel und Kosten – und bringt den Fliegenfängern Spaß.

„Nudge" nennt die Wissenschaft diese Art der Manipulation. Ein „Nudge" (Stups) wie die besagte Fliege soll Entscheidungen in eine bestimmte Richtung lenken bzw. das Verhalten auf vorhersehbare Weise beeinflussen.

In diesem Fall: Ziel erreicht. Auf den Punkt manipuliert! Was, lieber Leser, könnte Ihr „Nudge" sein?

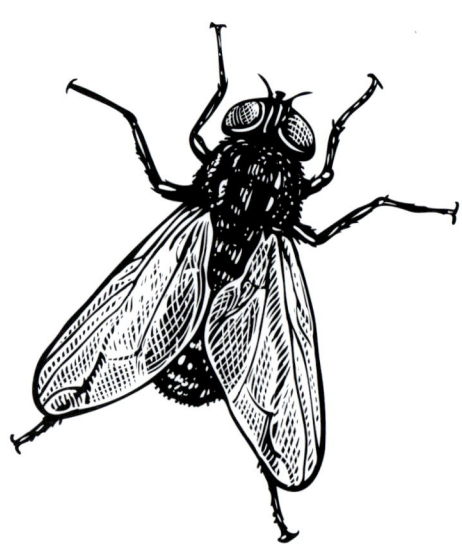

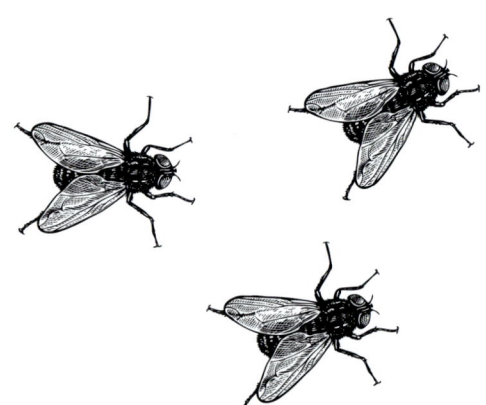

6.2 Der Federflaum-Reinleger

Ja, Sie haben richtig gelesen: FEDER-FLAUM-REIN-LEGER! Das ist tatsächlich ein Beruf!

Die Aufgabe: Er legt in jede Schachtel mit Bio-Eiern einen kleinen Federflaum, schön fluffig, unauffällig, wie zufällig hineingeraten …

Während „Nudge" den Kunden in eine bestimmte Richtung lotsen soll, ist diese Form der Manipulation eher eine Suggestion: Die Eier sind BIO. Superlecker. Frisch gelegt von frei laufenden Bilderbuchhühnern in einem hellen Stall – und nicht von zerrupften, flaumlosen Legebatteriehühnern.

Einscannen & profitieren
DOWNLOADS
zum Buch

Gewusst? Laut wissenschaftlichen Untersuchungen löst ein warmes Getränk freundlichere, warmherzige Gefühle aus – und lässt den Kunden nicht kalt. Hm, ob das im Hochsommer auch funktioniert, wenn man eigentlich wirklich Lust auf etwas Kühles hat??

Und noch etwas: Verbraucher halten Cremes und Düfte für besonders hochwertig, wenn sie schwerer in der Hand liegen als Vergleichsproben mit gleichem Inhalt. Bohrer mit strukturierter Oberfläche kommen, ganz unabhängig von Preis und Qualität, bei den meisten Kunden besser an.

Mannomann. Manipulationen lauern überall.

6.3 Der Sound-Designer

Manipulationen auf weit höherem Niveau liefern Sound-Designer in der Automobilindustrie. Akustische Supertricks, die den Kunden positiv ansprechen und den Verkaufserfolg optimieren. Kein Wunder also, dass Autokonzerne bis zu fünf Prozent (!!!) ihrer Entwicklungskosten in das Sound-Design stecken.

Beispiel Mercedes: Dort wird aufwendig und kostspielig im Akustiklabor getüftelt, um zum Beispiel das Türzuschlaggeräusch der kleinen A-Klasse so zu verfeinern, dass es dumpf und edel wie ein „echter" Mercedes klingt. Denn Käufer mit kleinerem Budget fahren oftmals voll darauf ab. Auf das Feeling, in eine Luxuskarosse zu steigen.

Kein cooles Beiwerk, sondern harte Sound-Arbeit ist auch das tiefe Blubbern beim Anlassen eines Porsches. Und sogar vermeintliche Kleinigkeiten wie das Klacken des Blinkers, das Schmieren der Scheibenwischer werden nicht dem Zufall überlassen. Die Spezialisten stimmen jedes Klang-Detail auf die potenzielle Klientel jedes Fahrzeugtyps ab.

Es kommt noch besser. Auch in anderen Industriezweigen bringen die Sound-Profis Musik in die Produkte. Wenn es stimmt, sorgt man bei Bahlsen beispielsweise dafür, dass sich der Vollkornkeks beim Reinbeißen – Achtung, jetzt kommt's – im inneren Ohr genauso knisternd und fein knusprig anhört wie der klassische Butterkeks.

Auch wenn akustische Tricks für Ihr Geschäft nicht unbedingt infrage kommen: Mit cleveren Überlegungen finden Sie bestimmt eine verkaufsfördernde „Begleitmusik" für Ihr Produkt, Ihre Dienstleistung. Sie sehen, bei Manipulationen kommt es immer darauf an, was man daraus macht.

„ Dein Vortrag, lieber Roger Rankel, hat den Raum ja regelrecht zum Platzen gebracht! Das Feedback der Kongress-Besucher war durchweg positiv. Vielen Dank. "

Andreas Buhr und Florian Feltes, Buhr & Team Akademie

6.4 Das blaue Spiegelei

Im Rahmen meiner Lehraufträge habe ich mit meinen Studenten einen spannenden Test gemacht: Spiegeleier gebraten und schmecken lassen. Natürlich Bio-Eier mit einem kleinen Federflaum in der Schachtel ☺.

Die Battle: normale Spiegeleier gegen Spiegeleier aus derselben Packung, deren Eigelb jedoch blau eingefärbt wurde. Wohlgemerkt, mit geschmacksneutraler Lebensmittelfarbe. Also geschmacklich definitiv kein Unterschied.

Das Ergebnis: Während die Probanden bei der Blindverkostung keinen Unterschied bemerkten, schmeckte keinem einzigen Probanden das blau eingefärbte Ei, nachdem die Augenbinde für einen zweiten Testlauf abgenommen und das Blau sichtbar wurde.

Also, allein durch die optische Manipulation wurde ihnen der Appetit verdorben!

Mit der Farbe wurde auch beim Umbau des Berliner Olympiastadions für die Leichtathletik-WM 2009 experimentiert. Die sonst typisch rote Tartanbahn bekam einen knallblauen Anstrich. Ein Volltreffer für die Blau-Weißen von Hertha BSC – und ein „blaues Wunder" für die WM-Athleten.

Denn auf der blauen Bahn regnete es geradezu internationale Rekorde und nationale Bestleistungen. Allen voran die phänomenalen Sprint-Weltrekorde des Jamaikaners Usain Bolt über 100 m und 200 m. Einige Athleten gaben – später befragt – durch die Bank an, dass ihnen die Höchstleistungen leichtergefallen seien ...

Farbpsychologen machen die fließende, große Weite symbolisierende Farbe dafür mitverantwortlich. Die Nachfrage beim Hersteller der blauen Tartanbahn ist seither auf alle Fälle deutlich gestiegen. Auch Sprintstar Usain Bolt orderte für seine Trainingsrunden zu Hause in Jamaika einen „Berliner Untergrund" – und spurtet seither auf Blau.

6.5 Der rote Teller

Egal, ob Spiegelei oder Tartanbahn: Obwohl sich in der Sache nichts verändert, kann man durch Manipulation die Ergebnisse verändern. In diesen Beispielen nur durch die Farbe. Wer übrigens seine Figur toppen möchte, sollte seine Mahlzeiten auf roten Tellern anrichten. Dämmert es? Ja, sie erinnern spontan an ein Stoppschild.

Eigentlich logisch und an der Uni Basel überprüft: Zu verschiedenen Fragebögen wurden Probanden identische kleine Snacks auf weißen, blauen und roten Tellern gereicht. Und tatsächlich griffen die Teilnehmer mit roten Tellern weniger zu.

Gebremst wird offenbar auch die Angriffslust im Sport, wenn Gegner zum Beispiel im Kampfsport oder beim Fußball rote Trikots tragen. Das untersuchte unter anderem eine britische Studie an der Uni Durham. Sie verglich dazu die Liga-Ergebnisse englischer Kicker aus 70-jähriger Fußballgeschichte.

Das Ergebnis: Die Roten dominierten die Spitzenplätze. So wie Rot auch in anderen Trikotstudien meist als etwas aggressiver, bestimmter, dominanter eingestuft wurde.

Mal ganz unabhängig davon, welchem Verein Sie zujubeln: Was trägt der deutsche Fußball-Rekordmeister?

6.6 Das Kinderfoto

Laut einer aktuellen Studie haben Sie bei Langfingern bessere Karten, wenn Sie ein nettes Kinderfoto in Ihre Brieftasche stecken. Denn die Quote der wieder aufgetauchten Geldbörsen mit Kinderfoto ist tatsächlich wesentlich höher als die ohne.

Klar, das Geld ist futsch. Aber auf diese Weise bekommen Sie nicht selten wenigstens Ausweise und andere wichtige Dinge über drei Ecken wieder zurück. Weil der Dieb mit Herz die Börse nicht verschwinden lässt, sondern in die nächste Ecke oder einen Papierkorb wirft ...

6.7 Das Gepäckband

Kurze Wege sollten seinerzeit beim Bau des neuen Münchener Flughafens im Fokus stehen. Das ist nur zum Teil geglückt. So steht der Fluggast im Terminal 1 nur wenige Schritte nach dem Ausstieg aus der Maschine am Gepäckband. Genial fanden das die Betreiber des Flughafens – aber nicht lange. Denn was passierte? Die Beschwerdequote an diesem Terminal ist wohl im Bundesvergleich die höchste! Warum? Weil die Fluggäste zwar schnell zu ihrem Gepäck geleitet werden, aber dann ewig auf ihre Koffer warten müssen.

Beim Bau des zweiten Terminals wurde diese Erkenntnis dann genutzt. Steigen Sie dort aus dem Flugzeug, führt Sie Ihr Weg zum Gepäck vorbei an schicken Boutiquen, Zeitschriften-Shops, Snack-Bars und kleinen Restaurants, die zu kurzen Stopps einladen. Am Gepäckband angekommen, hat Ihr Koffer schon mehrere Runden gedreht – und Sie brauchen nur noch zuzugreifen.

Eine tolle Win-win-Situation für den Flughafen, die Fluggäste und die Geschäfte der Shopping-Meile.

Also: Wenn schon manipulieren, dann richtig!

GUT ZU WISSEN ...

Verkauf ist ein logischer, aber vor allem ein psychologischer Prozess. Emotionen sind meist der erste Impuls, zu handeln, bevor der Mensch ins Nachdenken kommt. Ein einfaches Beispiel, das jeder von uns kennt: Funktioniert die Fernbedienung für ein Gerät nicht mehr, drücken wir zuerst fester – statt die Batterie zu wechseln.

Auch verrückt: Begrüßt oder bedient uns ein menschenähnlicher Roboter mit einem implantierten Lächeln, reagieren die meisten ebenfalls mit einem Lächeln. Wohlgemerkt, auf eine chipgesteuerte Maschine! Ein guter Grund, über kleine und clevere Manipulationen nachzudenken. Denn schließlich wollen wir, dass der Kunde ins Handeln kommt ...

Flug	von	über		Bemerkung
Flight	*from*	*via*		*remarks*
4413	Madrid			in 11 Min.
125	Wien			*Baggage Delivery*

Weiterreise mit der Bahn?...

... Aktuelle Abfahrtszeiten finden Sie außerhalb der Gepäckausgabe.

Siebtes Geheimnis

Über Zeugen überzeugen – das wirksame Spiel über Bande

Über Zeugen: ein Wortspiel mit großem Potenzial. Und der perfekte Zeitpunkt für zwei wesentliche Fragen.

Erstens: Sind Sie von dem, was Sie machen, selbst überzeugt? Klar, oder? Gut.

Gedankenpause.

Zweitens: Gelingt es Ihnen auch, diese Überzeugung auf den Kunden zu transportieren?

Meist ein Zögern bei meinen Zuhörern. Gut, weiter im Text.

Was steckt eigentlich in dem Wort überzeugen?

Zeugen? Macht auch Spaß! Zeugnis ausstellen? Richtig! Doch im Grunde sagt es das Wort „überzeugen" ja schon eins zu eins aus: Ich gehe über einen Zeugen. Eine gängige Methode im Marketing. Lesen Sie hier dazu, welche Formen und Ideen es gibt, über Zeugen zu gehen, Zeugen für sich sprechen zu lassen.

Lesen Sie, wie das geniale Spiel über Bande wirkungsvoll funktioniert.

7.1 Die Testimonials

„Hier werden Sie geholfen." Schlechtes Deutsch, guter Wortwitz. Durchschlagende Wirkung. Dieser schonungslose Spruch für die Auskunftsnummer und ihr berühmter Spinat-„Blubb" katapultierten Werbe-Ikone Verona Pooth Anfang 2000 auf Platz eins. Auf die Spitzenposition in Sachen Bekanntheitsgrad der Marken durch ein Testimonial.

Ebenfalls ein überzeugender Wurf: Das lockere „Dibababadu" von NBA-Basketballstar Dirk Nowitzki. Etwas zum Lachen? Zum Beispiel Bully Herbig im witzigen Wettstreit um Gummibärchen & Co. Und ganz ehrlich, wer wäre nicht gerne so smart wie Hollywood-Beau George Clooney und schlürft dafür Espresso – äh, „Nespresso, what else". Um nur ein paar Beispiele höchst effektiver Marketingprofile durch Promis zu nennen.

Testimonials (aus dem Lateinischen „testari" = überzeugen) transportieren eine gute Erfahrung, unterstreichen die Leistung eines Produkts, bürgen sozusagen für seine Qualität. Sie überzeugen. Als Aushängeschild einer Marke erhöhen sie darüber hinaus den Erinnerungswert. Noch perfekter, wenn das Image das Testimonials auf den Punkt zum Produkt passt – wie eben der vertrauenswürdige Dirk Nowitzki, Spaßvogel Bully Herbig oder der heiß flirtende Womanizer George Clooney.

1,43 PROZENT

Prominente Testimonials bringen der Marke in einem Zeitraum von vier Wochen durchschnittlich 1,43 Prozent mehr Käufe – so eine repräsentative Studie von Human Brand Index. Am beliebtesten sind demnach Schauspieler und Musiker, gefolgt von Sportlern.

Und mit 43 Prozent glaubt fast die Hälfte der Befragten, dass die Stars ihre beworbenen Produkte auch selbst konsumieren …

Sparpreise, Lockangebote, Zusatznutzen, Trojaner, Promis …

Warum lassen sich KUNDEN so gerne TÄUSCHEN?

Laut Christian Elger, Professor für Neurologie an der Uni-Klinik Bonn,
aktivieren vermeintliche Highlights, aber auch Schnäppchen das Belohnungs-
system des menschlichen Gehirns im hinteren Teil des Kopfes,
was zu unkritischen Kaufentscheidungen führt. Ist beim Kauf jedoch kein
Hinweis für eine Besonderheit zu sehen, reagiert das sogenannte Stirnhirn,
das für Selbstkontrolle und logisches Denken zuständig ist.

7.2 Das Neighboring

Statt seine Produkte weiter mit ranken Models und Luxuskörpern zu transportieren, holte sich das Label Dove „durchschnittliche" Ladys vor die Werbekamera. „Normale" Frauen, vielleicht wie die eigene Nachbarin. Nackte Tatsache: Speckröllchen, stramme Waden, vornehme Blässe … brachte der Kosmetikfirma weit mehr als nur Loblieder ein. Klar, dass sich die Kundinnen hier nicht nur besser identifizieren können (anders als bei den Testimonials), sondern es tatsächlich tun – und sich mit allen Makeln von der Marke verstanden fühlen.

Eine ähnliche Strategie fährt Fielmann. „Das sagen unsere Kunden" ist seit Jahren Programm. Optikerinnen der Kette und ein kleines Kamerateam schwirren in Fußgängerzonen und Einkaufsstraßen aus, um einschlägige Brillenträger zu finden und für die Marke sprechen zu lassen. Diesen Eindruck liefern zumindest Making-ofs. Aber auch die Protagonisten schwören, echt und vor Ort gecastet worden zu sein.

Sei es, wie es sei: Die authentische Fürsprache über Freundlichkeit, Kompetenz, Zufriedenheit von Leuten auf der Straße bringt dem Brillen-Multi viel Sympathie und Vertrauen.

Die Volksbanken fragen ihre eigenen Kunden: „Was treibt Sie an?" Und auch einige Einkaufsketten haben ihre prominenten Testimonials in Rente geschickt und werben inzwischen mit „echten", glaubwürdigen und damit authentischen Kunden als Kompetenzvermittler.

Zeugen, die (von einem Produkt) überzeugen, spielen auch bei privaten Verkaufspartys eine große Rolle. Ein altbewährtes Rezept, das die „Kunden werben Kunden"-Strategie weiter verfeinert.

7.3 Die Homeshopping-Partys

It's party time! Die Idee machte Tupperware weltberühmt. Kunden überzeugen Nachbarn, Freunde und Bekannte bei einer privaten Mini-Verkaufsmesse mit Häppchen und Getränken von den Vorzügen der Küchen-Tools. Ein Riesenerfolg, der längst jede Menge Nachahmer hat.

Im Angebot für die ungezwungenen Homeshopping-Shows: Dessous, Fashion-Trends, Kosmetik, Schmuck und sogar Sex-Toys. Alles zum Anfassen, Aus- und Anprobieren, ausgiebig testen – begleitet von Tipps und Tricks unter Freunden und in privater Atmosphäre.

Diese losgelöste Nähe zum Produkt füllt ganz schnell die aufgelegten Order-Listen, meistens üppiger als alle guten Vorsätze. Im Idealfall kümmert sich eine Party-Managerin der Firma im Vorfeld um die Administration, um Anlieferung, Einladungen, Prospekt-Material. Bespricht Abläufe und unterstützt mit werbewirksamen Anmachmethoden. Die Gastgeberin muss für den Spaß und in der Folge natürlich für möglichst gute Geschäfte sorgen. Das „Zuckerl" für den Veranstalter können exklusive „Give-aways", Rabatte oder erfolgsorientierte Prozentanteile sein.

Weniger aufwendig, aber sehr wirkungsvoll: Auf dem Weg zu meiner Wohnung entdeckte ich vor einiger Zeit bei allen meinen Nachbarn und dann auch an meiner Türklinke einen Flyer. So einer, wie er sonst für den Putztrupp an Hotelzimmertüren hängt.

Die Aufschrift: „Entschuldigen Sie die Störung und etwaige Lärmbelästigungen. Wir verschönern gerade die Wohnung Ihres Nachbarn." Supernett. Auf der Rückseite alle Daten des Handwerksbetriebes und der kleine Hinweis: „Bei Bedarf übernehmen wir auch sehr gerne für Sie Renovierungsarbeiten."

Einfach genial! Eine simple Entschuldigung mit der sympathischen Botschaft: Ich bin gerade hier, ich werde gebraucht, ich werde gebucht. Wenn dein Nachbar mir vertraut, kannst auch du mir vertrauen.

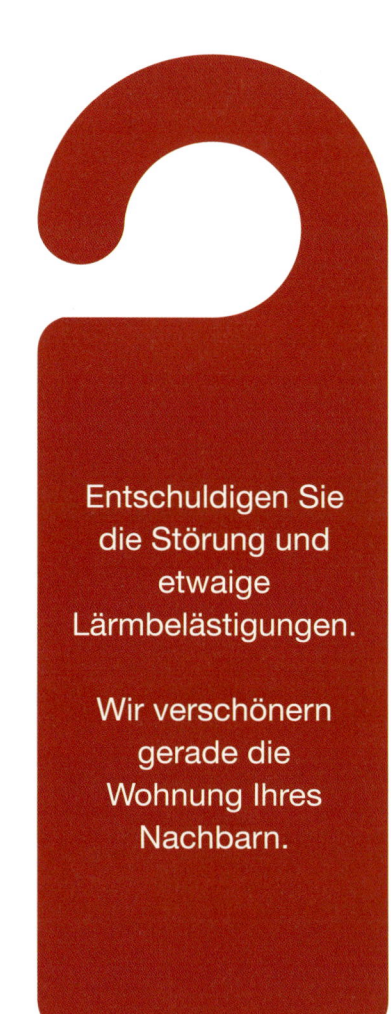

Entschuldigen Sie die Störung und etwaige Lärmbelästigungen.

Wir verschönern gerade die Wohnung Ihres Nachbarn.

7.4 Die Referenz-Strategie

Wenn andere Ihnen, Ihrem Produkt vertrauen, stehen Sie bereits auf der ersten Stufe zu den Referenzen. Denn zufriedene Kunden bieten ein großes Werbepotenzial, das Sie sich nicht entgehen lassen sollten.

In meinen Vorträgen erzähle ich dazu gerne von der geschickten Aktion einer sehr erfolgreichen Beraterin im Baufinanzierungsgeschäft. Nach gelungenen Abschlüssen bittet diese die glücklichen Paare oder Familien zum Fototermin vor ihrem neuen Heim. Die nach und nach entstandenen Happy-Bilder sind immer nach dem gleichen Muster gefertigt: vor dem gerade finanzierten Eigenheim, direkt am Eingang, alle in etwa aus dem gleichen Blickwinkel fotografiert. Diese Bilder werden dann stets im gleichen Format vergrößert, mit einem netten „Danke für die tolle Beratung" von dem Kunden signiert, eingerahmt und dann im Schaufenster der Agentur ausgestellt. Das zieht Passanten in den Bann und vermittelt Neukunden: Hier werde ich gut beraten (und glücklich gemacht).

Sehr viel, trotz wenig Aufwand, bringt der erwähnte Trick mit den Prozenten. Stichwort: Handtuchtest. Sie erinnern sich. Mit meinen Studenten der Fachhochschule haben wir der üblichen Hotelbitte, das Handtuch ein zweites Mal zu benutzen, einen Verstärker vorgesetzt: 92 Prozent unserer Gäste verwenden ihr Handtuch ein zweites Mal … Mit Erfolg. Knapp die Hälfte beherzigten die neu formulierte Aufforderung. Diesen Booster können Sie ganz leicht auch für Ihre Referenzen einbauen. Nach dem Motto: 92 Prozent meiner Kunden empfehlen mich weiter. Und mein Bestreben ist es, Sie ebenfalls so gut zu beraten, dass Sie mich weiterempfehlen …

Für Ihren Empfang …

Schnell gemacht, Mega-Effekt: Legen Sie in Ihrem Wartebereich zwischen Zeitschriften und Zeitungen ein schickes, in Leder gebundenes Buch aus. Ein Referenzbuch, in dem sich zufriedene Kunden mit entsprechenden Statements verewigen. Sie werden sehen, beinahe jeder Neukunde wirft einen Blick hinein und kann sich so ein positives Bild von Ihnen machen.

Apropos Referenzen: Werfen Sie doch mal einen Blick auf die andere Seite … Da sehen Sie einige Unternehmen, die ich in den letzten Monaten schulen und beraten durfte. (Sorry, dass ich es nicht lassen konnte, voller Stolz einen Auszug aus meiner Referenz-Liste zu zeigen ☺.)

7.5 Das eigene Buch

Think big: Stellen Sie sich vor, Sie können in einem Kundengespräch sagen: „Ich habe zwar gerade keine Visitenkarte, aber wissen Sie was, ich gebe Ihnen mein Buch." Was für eine Ansage! Jeder zweite Kunde wird es sich signieren lassen und vor anderen mit Ihnen angeben. Er wird stolz erzählen, dass sein Dienstleister übrigens auch schon ein Buch verfasst hat. Er wird Sie anpreisen: „Geh zu dem. Der hat die besten Tipps und darüber sogar ein Buch geschrieben ..."

Nehmen Sie sich als gedankliche Vorlage mein „Kleines Buch zum großen Verkauf" – in der Ärztesprache ein Kittelbuch, das in jede Brusttasche passt. Genial und eine perfekte Referenz. Sind Sie beispielsweise Berater für Fördermittel, könnten Sie „Das kleine Buch vom großen Geld" veröffentlichen – 33 Geldtipps & Fördermittel.

Mein guter Freund Oliver Reichert di Lorenzen aus Hamburg führt ein international angesehenes Dental-Labor. Wie ist er zu diesem Ansehen gekommen? Durch jahrelange gute Arbeit – und durch sein Buch „Veener Vision". Zwischenzeitlich das Leitwerk der gesamten Branche.

Präsentieren Sie Ihren Kunden Ihr eigenes Buch, werden Sie definitiv noch mehr als Experte wahrgenommen. Sie positionieren sich in der eigenen Branche und Ihr Empfehlungsmarketing nimmt enorm Fahrt auf. Als Buchautor kommen Sie in die Presse, kommen in sonstige Medien und haben ein Superstanding. Glauben Sie mir: Als Autor haben Sie eine ganz andere Autorität!

Achtes Geheimnis

So funktioniert Empfehlungsmarketing heute – die wirksamste Form der Kundengewinnung

Safety first! Sich als Kunde sicher zu fühlen, das richtige Produkt gekauft zu haben, optimal beraten zu werden, sein Anliegen in den besten Händen zu wissen – das hat oberste Priorität. Klar, dass Sie sich auf diese Kundensicht konzentrieren sollten! Ein Grundstein für diese Sicherheit ist eine qualitativ hochwertige Empfehlung. Genau das macht das Empfehlungsmarketing zur wirksamsten Form der Kundengewinnung und eröffnet Ihnen gezielte Möglichkeiten, Ihr Geschäft anzuschieben.

Gerade im Zeitalter von Social Media ist die Glaubwürdigkeit einer persönlichen Empfehlung noch einmal gestiegen. Sagt eine Vertrauensperson, auf gut Bayerisch ein guter „Spezl": „Mach das! Geh zu dem Arzt! Lass dich von dem beraten!", dann machen wir das auch, weil wir ihm und seiner Empfehlung vertrauen.

Dazu stellt sich die grundsätzliche Frage: Was steckt dahinter, eine Empfehlung auszusprechen? Sicher, man möchte dem „Spezl", Arbeitskollegen oder Geschäftspartner etwas Gutes tun. Sicher, man war mit einer Beratung, einem Produkt zufrieden. Und sicher gibt es auch noch weitere Gründe ... Aber neben diesen eher uneigennützigen gibt es auch zwei durchaus eigennützige Gründe, die gerade im Hinblick auf die Kundengewinnung in meinen Augen die wichtigsten sind.

Erstens: Überzeugt mich ein Dienstleister, finde ich ein Produkt prima, empfehle ich diese Erfahrung mit Erfolg weiter – dann bestärkt mich das zusätzlich, etwas „gar nicht so verkehrt" gemacht zu haben. Aus Kundensicht bedeutet diese Rückkoppelung eben eine nicht zu unterschätzende Form der Sicherheit: Durch seinen Kauf hat mein „Spezl" meinen Kauf bestätigt, also abgesichert!

Zweitens (und für mich noch bedeutender): Wir empfehlen etwas, weil wir gut dastehen wollen.

Beispiel: wenn ich Ihnen eine Finca auf Mallorca empfehle, die Sie nicht kennen. Nicht kennen können, weil Sie über keine gewöhnliche Reiseplattform zu buchen ist. Wenn Sie dort mit Ihrer Familie eine traumhafte Urlaubszeit verbringen. Für wenig Geld wirklich viel bekommen. Ein echter Geheimtipp also! Und wenn Sie mich dann, zurück in Deutschland, anrufen und sagen: „Rankel, vielen Dank für diesen tollen Tipp!" Das geht doch runter wie Öl! Ganz klar, dass ich diese Finca bei nächster Gelegenheit wieder weiterempfehle.

Zugespitzt heißt das: Ich will als Empfehlungsgeber nicht nur gut dastehen. Ich will auch der Held sein. Ich will mir mit meinem Wissen selbst auf die Schulter klopfen. Nach dem Motto: „Ich kenne etwas, was du noch nicht kennst."

„Die Zahl der Neukunden bei Rankels Schülern steigt im Schnitt um 24 Prozent."

WAS IST IHR WOW?

Welche Highlights über Sie und Ihr Produkt kann Ihr Kunde einem „Noch-nicht-Kunden" erzählen, damit er als Empfehlungsgeber der Held ist? Damit er Komplimente kassiert, sich „gebauchpinselt" fühlt?

DENN:

Selten wird eine Dienstleistung, ein Produkt nur auf die nüchterne Sache reduziert.
Das Besondere zählt! Das „Wow", das zum Weitererzählen animiert.

ALSO:

Warum sind Sie kaufenswert?
Wert, dass man bei Ihnen kauft?
Warum sind Sie empfehlenswert?
Wert, dass man Sie empfiehlt?

8.1 Die Sauberkeitsgarantie

Mein Büro liegt am Starnberger See. Eine Gegend – warum auch immer – mit vielen Malerbetrieben. Einen davon stört die Konkurrenz allerdings wenig. Er macht etwas etwas anders. Sein Motto: Sau-ber statt Sau-Bär! Er lockt die Leute mit einer Sauberkeitsgarantie. Wenn Sie als Kunde nach seiner verrichteten Malerarbeit noch irgendwo einen Farbkleks finden, müssen Sie die Rechnung nicht bezahlen. Keinen Cent.

Fasziniert von der genialen Idee, die ich auch gerne in meinen Vorträgen und Seminaren zitiere, habe ich den befreundeten Maler gefragt: „Michael, Hand aufs Herz, wie oft musstest du aus diesem Grund schon auf eine Rechnung verzichten?" Seine Antwort: „Roger, ich bin doch nicht bescheuert – natürlich noch nie!" Sein Geheimnis: „Ich klebe alles mit ganz besonderer Sorgfalt ab – und warte mit dem Abziehen, bis die Farbe absolut trocken ist. Dann wird gründlich kontrolliert, bevor ich die Fläche übergebe. Also, null Risiko."

Das Phänomen: Trotz der Maler-Flut am Starnberger See kann sich der mit der Sauberkeitsgarantie vor Aufträgen kaum retten. Logisch, dass auch ich nur den Maler mit dem coolen „Wow" empfehle, wenn Bekannte und Freunde mit Auszug, Umzug, Renovierung um die Ecke kommen.

Könnte ich nur sagen: „Ich kenne da einen Maler, der hat so schöne Farben." Oder: „Der hat eine super Maltechnik drauf." Gähn! Das würde keine Begeisterungsstürme auslösen. Ich kann aber die tolle Story erzählen: „Mein Maler hat eine Sauberkeitsgarantie." Das schlägt richtig ein.

Die Frage an Sie:
Was ist Ihre Sauberkeitsgarantie? Mit welcher Besonderheit können Sie glänzen?

" *Ich war dieses Jahr zum dritten Mal bei Roger Rankel. Die beste Investition des Jahres. Nun habe ich (m)eine Sauberkeitsgarantie, und das Beste: Ich werde von potenziellen Kunden angerufen. So funktioniert Empfehlungsmarketing heute!* **"**

Carsten Dwenger, Geschäftsführer Finanzlotse

8.2 Die Rollator-Teststrecke

Ich berate und schule häufig auch Firmen aus der Pharmaindustrie und im gesundheitlichen Bereich. Fasziniert von der Maler-Erfolgsstory mit der „Sauberkeitsgarantie", kam ich dabei auf eine abgefahrene Idee.

Ich entwickelte mit dem Inhaber eines Sanitätshauses eine Rollator-Teststrecke. Kein Witz. Ein Gartenbauarchitekt baute den Vorgarten der Firma funktionell um – mit einer kleinen Brücke, leichten Anstiegen und Abfahrten, Kurven und verschiedenen Bodenbelägen wie Kies, Gras, Sand. Potenzielle Kunden der Region können dort jetzt ihren Wunschrollator im Echt-Test ausprobieren und sich an unterschiedliche Fahrsituationen gewöhnen. Der Plan ging voll auf. Durch die Teststrecke hat sich der Umsatz bei Rollatoren versechsfacht. Ja, Sie haben richtig gelesen: versechsfacht! Auch die gesamte Kundenfrequenz ist um das Zweieinhalbfache gestiegen.

Und: Jeder, der hier Probe fährt oder als Begleiter oder Passant über das geniale Plus staunt, empfiehlt den Laden mit der Teststrecke weiter. Allen, die einen Rollator, aber auch andere Sanitätsartikel benötigen.

So funktioniert Empfehlungsmarketing heute!

8.3 Die Flugzeugsitze

Natürlich müssen Sie für gelebtes Empfehlungsmarketing nicht gleich die Außenanlage Ihrer Firma umbaggern. Erfolg versprechen auch kleinere „Baumaßnahmen" im Innenbereich. Auf den Punkt abgestimmt auf Ihre Kunden. Ein Beispiel: Zu meinen Kunden als selbstständiger Berater in den Neunzigerjahren gehörten viele Mitarbeiter der Lufthansa und ihrer Tochterfirmen sowie der Flughafen München GmbH, kurz der FMG. Als „Wow" für diese Kunden habe ich normale Konferenzstühle durch zwei Flugzeugsitzreihen ersetzt. Die kann man übrigens aus ausrangierten Maschinen relativ günstig ersteigern.

Meine Kunden nahmen also in Flugzeugsitzen Platz, schnallten sich an – und wir starteten durch, um ihren Finanzen zu Höhenflügen zu verhelfen. Der Boardingpass vorab war die Terminbestätigung. Die mitzubringenden Unterlagen das Freigepäck. Und auf der nächsten Langstrecke fragte der Pilot (mein Kunde) den Kopiloten (mein Noch-nicht-Kunde): „Bist du auch beim Rankel in der Beratung, bei dem mit den Flugzeugsitzen?" Diese Besonderheit war also im Cockpit und auch am Boden das Gesprächsthema. Brauchte eine Stewardess Unterstützung zum Beispiel für eine Hausfinanzierung, fragte sie logischerweise nach meinen Kontaktdaten – also nach der Nummer des Beraters aller Lufthanseaten. Empfehlungsquote genial. Umsatz brutal!

HOOK

Aus dem Englischen kommt der Begriff Hook (Haken).
Im Fachjargon steht das Wort für eine kurze, griffige Werbeaussage, an der man hängen bleibt.
Beispiel iPod: „1000 Songs in deiner Tasche".
Aber auch „Der Berater mit den Flugzeugsitzen",
„das Steakhaus mit dem persönlichen Steakmesser",
„der Maler mit der Sauberkeitsgarantie".
Und was ist Ihr Hook?

8.4 Das Steakmesser

Noch so eine im wahrsten Sinne des Wortes scharfe Idee: In einem Stuttgarter Steakhaus werden Sie bei Ihrem dritten Besuch gefragt, ob Sie Ihr Steakmesser lieber mit Ihren Initialen oder mit Ihrem vollen Namen graviert haben möchten. Weil Sie ab dann Stammgast sind und bei jeder Reservierung Ihr persönliches Steakmesser für Sie aufliegt. Klar, dass dieses Steakhaus heraussticht. Und glauben Sie mir, jeder Steakliebhaber wird alleine deshalb wieder und wieder nur noch dieses Steakhaus frequentieren. Und weil auch Steakfans beim Lunch oder Dinner auf Gesellschaft setzen, vergrößert sich die Runde an Freunden, Bekannten, Geschäftspartnern, die den Besteck-Kick klasse finden, rasend schnell. Das Empfehlungs-marketing kommt auf Touren. Der Umsatz auch!

Übrigens: Ein Steakhaus, das für Stammgäste das eigene Messer bereithält, oder ein Maler, der eine Sauberkeitsgarantie auslobt, haben noch einen entscheidenden Vorteil. Diese Besonderheiten vermitteln dem Kunden automatisch, dass die eigentliche Leistung – Steaks oder Anstrich – auch sehr gut sein muss. Das versteht sich sozusagen von selbst, löst ja auch nicht den Aha-Effekt aus – und wird meist gar nicht groß erwähnt. Denn vom Hocker haut eben nicht: „Du, ich habe da einen Maler mit tollen Farben" oder „Ich kenne ein Steakhaus mit leckerem Fleisch". Ausschlaggebend bzw. erzählens- und empfehlenswert ist die „Story", die Besonderheit.

Das Erfolgskonzept, seinen Kunden so ein zusätzliches „Wow" zu bieten, hat auch ein anderer Gastronom – gleichzeitig Chef und Koch – nach einem meiner Vorträge adaptiert. Wenn Sie in seinem Restaurant nach Aperitif und Getränken die Speisen ordern wollen, heißt es: „Einen Moment bitte, bei uns nimmt der Koch die Bestellung auf." Und schon kommt der Koch aus der Küche geflitzt und erzählt, was er heute ganz frisch auf dem Viktualienmarkt gekauft hat.

Cool. Denn der Koch weiß schließlich am besten, wovon er in Sachen Köstlichkeiten spricht. Er geht zudem auf individuelle Wünsche ein, weil in der heutigen Zeit ja fast jeder zweite eine „Gemüse-Intoleranz" oder sonstige „Essensallüren" hat. Er gibt Zubereitungstipps und verrät das eine oder andere Geheimnis aus der Küche … Natürlich will er auch nach dem Essen höchstpersönlich wissen: „Wie hat es Ihnen geschmeckt?" Kleine Veränderungen von klassischen Ritualen, große Wirkung. Weiterempfehlungen und ein voll ausgelastetes Lokal garantiert!

Wann immer ich nach einem guten Restaurant in Starnberg gefragt werde, erzähle ich von genau diesem – und dessen Form der Sauberkeitsgarantie ☺.

AUF EIN WORT...

Ziel sollte es für Sie sein, in Ihrem Geschäft eine Empfehlungskultur zu entwickeln. Das Wort Empfehlung ist klar. In dem Wort Kultur steckt Kult. Sie müssen wie Tamme oder Tech-Nick für Ihre Kunden ein bisschen Kult sein! Diesen Status erreichen Sie erstens durch eine „Sauberkeitsgarantie", ein „Wow" wie in den Beispielen Maler, Rollator-Teststrecke oder Steakmesser. Zweitens durch den Expertenstatus. Und drittens, indem Sie in Ihrem gesamten Auftreten etwas etwas anders machen.

HAND AUFS HERZ

Zwei Drittel des Buches haben Sie schon gelesen.

Es ging um Lösungen zweiter Ordnung, um die Sprache der Umsatzverdoppler

und um die Tricks der Umsatzstärksten, um trojanisches Marketing,

Manipulation und über Zeugen …

Doch was haben Sie wirklich und ganz konkret schon UMGESETZT?

Und was ist Ihr NÄCHSTBESTES?

8.5 Der Expertenstatus

„Verkäufer suchen Kunden. Aber Kunden suchen Experten!" Eine bekannte Marketingweisheit. Mit neuer Bedeutung. Ein „normaler" Verkäufer gehört nicht selten in die Kategorie Nervensäge. Er läuft jedem Kunden hinterher, der nicht bei drei auf dem Baum ist, quatscht jeden an – und das im schlechtesten Fall völlig unqualifiziert und reißerisch. Zugegeben, sehr überzogen, aber oft erlebt. Und genau dieser Verkäufertyp verpasst dem Verkäuferberuf ein eher schlechtes Image. Das will keiner. Kunden, die wir ja auch selbst sind, schätzen echte Experten: ein überzeugtes Auftreten, eine zielgerichtete und ordentliche Beratung. Punkt.

Dazu ein persönliches Beispiel: Um die Zeichen meiner jugendlichen Kampfsportkarriere zu beseitigen, musste ich mich als junger Erwachsener an der Nase operieren lassen. Meine Arztwahl fiel (Thema-konform auf Empfehlung) auf eine anerkannte Münchener HNO-Koryphäe. Im Vorgespräch zu dieser OP erklärte mir der Arzt: „Am Sonntagabend kommen Sie bitte zur Eingangsuntersuchung nüchtern in die Klinik, Montagmorgen werden Sie operiert – und am Freitag dann entlassen." Jung, eitel, auf Karriere versessen und wenig gewillt, auf eine ganze Arbeitswoche zu verzichten, fragte ich: „Herr Professor, geht es denn etwas früher – eventuell Donnerstag?" Seine Antwort, prompt und bestimmt: „Wenn Donnerstag ginge, hätte ich Donnerstag gesagt!" Nicht supernett, aber sehr wirksam. In diesem Moment wusste ich: Der versteht sein Handwerk, das ist der Richtige für mein Anliegen. Das ist DER Experte. Der ist empfehlenswert.

Unter uns: Wie oft hätten Sie sich in einer ähnlichen Situation auf ein vages Geplänkel eingelassen? Um bei meinem Beispiel zu bleiben, nach dem Motto: „Wir können ja mal die Visite am Donnerstag abwarten und mal schauen, wie Sie sich am Donnerstag fühlen …" Blablabla. Stattdessen kurz und bündig: „Wenn Donnerstag ginge, hätte ich Donnerstag gesagt!" Botschaft angekommen!?

PSSSSST …

Sie sind der Experte! Sie wissen, wie der Hase läuft. Sie bestimmen den Weg. Das klingt zwar im ersten Moment etwas widersprüchlich, weil Sie den Kunden ja für sich gewinnen, nett zu ihm sein wollen. Aber ein klarer, bestimmter Standpunkt verschafft Ihnen den Expertenstatus. Und Sie sind ja deswegen nicht unnett … Im Fachjargon: Lösungen zweiter Ordnung.

Wenn Sie nicht mit dem Skalpell operieren, sondern als Berater agieren, zeigt Ihnen folgendes Beispiel den richtigen Weg: Für die perfekte Betreuung eines Neukunden benötigt ein Finanzdienstleister zwei Termine. 99 Prozent machen leider den Fehler, nur einen Termin zu vereinbaren, wenn ein Kunde Sie auf Empfehlung kontaktiert. Klar: Weil Sie oft schon froh sind, einen Kunden ergattert zu haben. Konstruktiver: Vereinbaren Sie als Experte souverän gleich zwei Termine! Den ersten, um den Kunden zu erfassen, wo er finanziell steht und wo er hinwill.

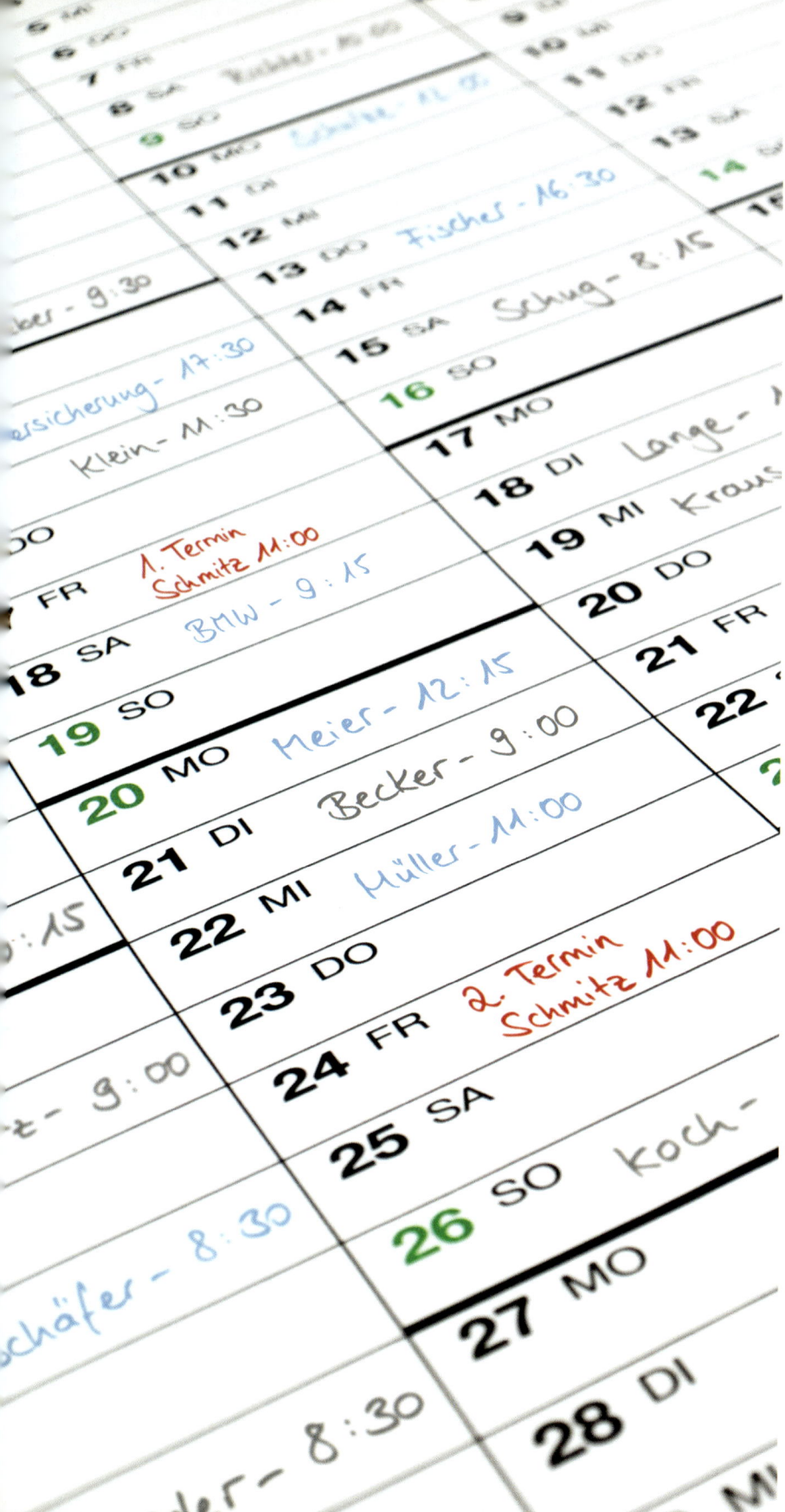

Den zweiten, um dem Kunden genau seinen Weg zu seinem gewünschten Ziel aufzuzeigen. Wenn Sie jetzt denken: „Zwei Termine? Echt schwer." dann liegen Sie falsch. Das Gegenteil ist der Fall. Zwei Termine strahlen die Kompetenz eines Experten aus – und werden entsprechend auch gerne angenommen.

Rufen Sie, von Rückenschmerzen geplagt, Ihren Physiotherapeuten an, vereinbart dieser mit einer gewissen Selbstverständlichkeit gleich sechs, acht oder sogar zehn Termine. Weil er weiß, mit einem bekommt er die an ihn gestellte Anforderung nicht in den Griff. Er sieht sich nicht als „Verkäufer", sondern als Experte, der dem Kunden den Weg zur Schmerzfreiheit vorgibt.

Das heißt übersetzt für Sie: Positionieren Sie sich neu. Sehen Sie sich nicht mehr im klassischen Sinn als Verkäufer, sondern als Experten.

Das Phänomen: Je höher die Einstiegsbarriere ist, umso mehr nimmt man Ihnen ab, dass Sie Ihr „Handwerk" verstehen. Diese Neupositionierung beweist aber nicht nur Ihrem Kunden Kompetenz. Sie ist auch genau das, was draußen kommuniziert, weiterempfohlen wird. Denn ein typischer Verkäufer ist nicht unbedingt empfehlenswert – ein Experte, der weiß, wie es geht, schon.

8.6 Der Kult-Faktor

Nicht immer supernett, aber bestimmt (so wie mein behandelnder Arzt) und ein echter Experte, der sein Handwerk versteht und noch dazu „gut verkauft", ist der „Knochenbrecher" Tamme Hanken. Für Nichtpferdeleute: Knochenbrecher werden im Norden Heilkünstler mit chiropraktischen Fähigkeiten genannt. Aber kaum einer dieser Zunft ging so durch die Decke wie der XXL-Ostfriese (2,06 m groß). Durch seine raubeinige Art, Hand (in seinem Fall wohl eher „Pranke") anzulegen, statt lahmen Pferden und Hunden mit Medikamenten auf die Beine zu helfen, wurde er zur Kultfigur. Und genau das setzt dem Experten-status noch eins drauf. Tamme Hanken bot zunächst im Norden, dann bundesweit Sammeltermine für geplagte Tierbesitzer an. Seine Fangemeinde wuchs ausschließlich durch Mund-zu-Mund-Propaganda.

Auf welchen Hof Tamme Hanken kam, sprach sich immer schnell rum. Erst viel später wurde er beliebter Gast in Talkshows und begeisterte in seinen eigenen TV-Sendungen. Dort kuriert er inzwischen sogar Polopferde in Argentinien oder Polizeipferde im australischen Outback … Saustark! Und vermutlich keine Frage, dass sich sein Umsatz in wenigen Jahren multipliziert hat.

Sein Kult-Faktor, (nicht nur) wenn es um stylishe Köpfe geht, brachte auch Star-Coiffeur Udo Walz auf Erfolgskurs. Ähnlich wie Tamme Hanken versteht er, dass neben Können auch das sprichwörtliche Klappern zum Handwerk gehört. Mit Witz und großem Expertenwissen präsentiert er seine Kunst auf internationalen Fashion- und in Talkshows. Er ist oftmals mehr auf dem „roten Teppich" als seine illustre Kundschaft, hat ebenfalls eine eigene TV-Sendung, mehrere Bücher veröffentlicht und eine umsatzstarke Hair-Line.

Udo Walz macht sogar Angela Merkel „die Haare schön". Paris Hilton ließ ihn schon das eine oder andere Mal für Events einfliegen – und Studenten gewährt er für coole Cuts ordentliche Rabatte. Klar, dass die Läden (pardon: Salons) des kultigen Friseurs in Berlin und auf Mallorca brummen.

Ein erfolgreiches Konzept in eigener Sache: Wenn Sie bei mir im Büro anrufen und einen Vortrag, ein Seminar anfragen, kommt von unserer Seite als erste Frage: „Aufgrund welcher Empfehlung melden Sie sich?" Damit ist klar, dass ich weiterempfohlen werde – sonst würde diese Frage ja wenig Sinn machen. Nebenbei bemerkt: Sollten Sie in Ihrem Geschäft im Moment noch keine hohe Empfehlungsquote haben, steigen Sie trotzdem mit dieser Frage in das Telefongespräch ein. Selbst der schlechteste Fall, „aufgrund keiner Empfehlung", ermöglicht Ihnen die Antwort: „Ich frage nur deshalb, weil wir überwiegend auf Empfehlung von zufriedenen Kunden angerufen bzw. angefragt werden." Damit lassen Sie schon einmal ganz locker die Subaussage einfließen, dass Sie einen guten Job machen. Sie können diese Aussage aber auch clever mit der Referenzmethode koppeln und sagen: „Weil 92 Prozent unserer Kunden uns weiterempfehlen." Ein echter Multiplikator für ein Topimage!

8.7 Der Katapult-Start

Zurück zu meinem Beispiel. Denn ich gehe sogar noch einen Schritt weiter. Wenn Sie keine Empfehlung haben, können Sie mich nicht buchen! Keine Chance! Genau dadurch habe ich schon auf viel Umsatz verzichtet, wie etwa vor zwei Jahren auf 22 Honorartage eines großen Konzerns. Es ging um eine Roadshow, die ich nicht angenommen habe, weil keine Empfehlung zugrunde lag.

Jetzt werden Sie denken: Ohh! Da entgeht dem Rankel ja eine ordentliche Portion Aufträge. NEIN. Mein Prinzip: Ich mache an genau 150 Tagen im Jahr Vorträge und Seminare. Das ist das Pensum, das sich auf meinem Niveau gut umsetzen lässt und so mit meiner Familie abgesprochen ist. Strikt 150 Tage – und da bin ich übrigens auch nicht verhandelbar. Jeder Auftraggeber zahlt bei mir im Sinne von Fairplay das gleiche Honorar. Da die Nachfrage mein Pensum übersteigt und ich Anfragen für 210 bis 240 Tage bekomme, kann ich mir bei Firmen ohne Empfehlungsbasis ein NEIN leisten. Das Interessante: Durch dieses Konzept habe ich es geschafft, Kult zu sein. Denn viele Auftraggeber erzählen mir: „Wenn ich Sie weiterempfehle, dann nur mit dem Zusatz: ‚Sag unbedingt, dass du von mir kommst!' Eine Empfehlung mit Nachdruck … mehr geht nicht! Das ist Zuteilen statt Verkaufen.

Tappen Sie jetzt nicht in die Denkfalle: „Bei mir geht das nicht." Warum soll das nicht klappen? Ich bin wie Sie nackt geboren und habe mir diese Position auch nur mit Mut (keineswegs mit Übermut) erarbeitet.

" *Mit insgesamt 25 Prozent Empfehlungsquote liegen wir sogar noch über der von Roger Rankel selbst publizierten Quote.* **"**

Britta Mistol, ERGO-Konzern

Wenn ich hochspringen möchte, muss ich zuerst genau das Gegenteil machen – ich muss in die Knie gehen. Wer mich aber in diesem Moment betrachtet, denkt vielleicht: Jetzt hat er sich aber ein gutes Stück von seinem Ziel entfernt. Stimmt. Aber eben nur in diesem Moment (wie bei meinen entgangenen 22 Honorartagen). Aber es kommt auf das Zu-Ende-Denken an. Nur durch die Gegenreaktion kann ich mich hochkatapultieren, bekomme ich den gewünschten Effekt. Sie müssen sich also eine Situation aufbauen, aus der Sie sich herauskatapultieren können.

Eigentlich ein fast sympathischer Widerspruch: Weil ich eine gute Buchungslage möchte, nehme ich nicht jede Anfrage an. Ich springe also nicht über jedes Stöck-chen – sondern setze zum Hochsprung an.

Möglicherweise können Sie diese Überlegung nicht eins zu eins für Ihr Geschäft adaptieren. Aber Sie können überlegen, wie Sie Ihr Geschäft auf Ihre Art und Weise in eine so starke Position bringen. Wie Sie Kult für Ihre Kunden werden.

8.8 Der Taxi-Turbo

Wie viele Taxis, glauben Sie, gibt es in Mumbai? Sage und schreibe 55.000! Ein harter Konkurrenzkampf. Der für die meisten Taxis der 13-Millionen-Stadt auffällige, aber übliche Klimbim wie Lichterketten, Papierblumen usw. hilft da beim Kundenfang wenig. Um sich hervorzuheben, stärker als andere zu positionieren, braucht es also eine richtig tolle Idee. Die hatte Sanket Avlani.

Sein Kult-Faktor-Projekt: „Taxi Fabric". Eine Möglichkeit für junge Künstler, mit kreativen Konzepten das Interieur der Taxis in wahre Kunstobjekte zu verwandeln. Mit großer Resonanz. Wer einen Zuschlag bekommt, verziert von den Sitzen über Türen bis zur Decke alles aus einem Guss – und erzählt damit oft eine ganze Geschichte. Finanziert werden Farben, Lacke, Pinsel zum großen Teil durch Crowdfounding.

Ein erfolgreiches Win-win-Geschäft. Talentierte Künstler ohne viel Geld können so auf sich aufmerksam machen – und die bisher etwa 30 komplett durchdesignten Taxis boomen bei den Kunden und booten die Mitbewerber aus. Von Pop-Art bis zu Ölgemälden, von Fantasy bis zu Badesee-Feeling ist alles dabei und lädt den gestressten Fahrgast zum Staunen und Chillen ein. Der Run auf die Kunsttaxis ist riesig, der Umsatz auch.

Viele steigen in die Designer-Taxis, obwohl sie gar nicht müssten. Viele buchen längere Strecken als nötig. Viele legen noch ordentlich Trinkgeld auf den Fahrpreis drauf. So die Organisatoren. Nebenbei bemerkt: Wer in Mumbai viel in das Aussehen seines Taxis investiert, kann ohnehin höhere Fahrpreise verlangen – Taxometer gibt es dort nicht. Und die Umsatzmaschinerie geht sogar noch weiter. Stars lassen sich in den Kult-Taxis ablichten und setzen sie sogar, wie die Band Coldplay, in ihren Musik-Videos ein, Filmproduzenten fragen an … Es läuft! Die Weiterempfehlung funktioniert. Das mediale Interesse auch – weltweit. Kult ist cool!

Ein riesiges Projekt. Es geht aber auch in Klein. Das macht ein Berliner Taxifahrer vor. Mit drei ganz simplen Dingen: Er hält für seine Fahrgäste diverse Zeitungen und Magazine bereit und bietet an heißen Tagen eine kleine Flasche Wasser an. Er fragt seinen Kunden höflich: „Möchten Sie Musik hören?" Wenn ja, erfüllt er gerne individuelle Wünsche. Und jetzt das Wichtigste: Während der Fahrt lässt er seinen Gast in Ruhe. Löchert ihn nicht mit neugierigen Fragen. Zettelt keine Diskussion über aktuelle Problematiken an. Spricht nur, wenn er etwas gefragt wird … Service pur. Für den an oft mürrische, schimpfende Taxifahrer gewohnten Gast eine Wohltat. Der Taxifahrer hat sich damit unter 7.000 Berliner Konkurrenten hervorragend positioniert, fährt inzwischen nur noch auf Vorbestellung, wird gerne empfohlen, ist Kult – und kann sich sicher über mehr Umsatz als viele Kollegen freuen.

8.9 Der 5-Euro-Schein

Final ein praxisnaher Empfehlungsüberflieger! Der Vorstand einer Volksbank, der auch selbst noch Kunden berät, nur auf Empfehlung arbeitet und für jede Beratung zwei Termine ansetzt, verbindet mit der schriftlichen Terminbestätigung einen cleveren Überraschungseffekt: Er bittet den Kunden, einen 5-Euro-Schein bereitzuhalten. Geht es wenige Tage später in der Bank zur Sache, kommt von dem seriösen Bankvorstand statt Small Talk die direkte Frage: „Sagen Sie, haben Sie die 5 Euro dabei?" Der Kunde zückt den Schein, der Banker nimmt ihn und steckt ihn ein.

Oups! Kein Wunder, dass den meisten Kunden an dieser Stelle der Mund offen stehen bleibt. Der Banker zählt innerlich 21, 22, 23, 24 …, holt aus der anderen Tasche einen 10-Euro-Schein heraus und überreicht ihn dem verblüfften Kunden mit den Worten: „Schauen Sie, das soll immer im Mittelpunkt unserer Zusammenarbeit stehen. Sie setzen am Anfang einen kleineren Betrag ein und bekommen am Schluss mehr heraus. Und damit heiße ich Sie in unserer Bank herzlich willkommen!"

Vom Feinsten! Und alles drin! Wir haben die Sauberkeitsgarantie. Denn diesen Gag nicht weiterzuerzählen, geht fast gar nicht. Wir haben durch die Seriosität und die Kompetenz des Vorstandes den Expertenstatus – und mit dem cleveren Geldscheintrick den Kult-Faktor. Außerdem hat es der Banker geschafft, dem Kunden eine gewisse Eintrittssicherheit zu geben. Das Eis ist gebrochen. Der Kompetenz-Check bestanden. Small Talk bei dieser Nummer ein Fall für die Tonne. Der Empfehlungscharakter geradezu reif für YouTube. Versteht sich, dass das Ganze als Stilmittel verstanden werden soll – und natürlich in eine gute, kundenorientierte, nutzbringende Beratung mit nachhaltigen Produkten münden muss.

PSSSSST …

Die ganz guten Dinge im Leben gibt es nur auf Empfehlungsbasis. Topjobs stehen in keiner Zeitung. Einen renommierten Anwalt oder empathischen Kinderarzt sucht man sich nicht im Internet. Die besonderen Adressen und Geheimtipps gibt es nur über Empfehlungen.

#9

Neuntes Geheimnis

Das Beste zum Schluss – oder: Was Umsatzverdoppler wirklich wissen sollten

„Erfolg kann man nicht nachjagen – er ergibt sich aus der Leidenschaft, über sich hinauszuwachsen." So die Kernaussage von Glücksforscher Mihály Csíkszentmihályi (1937 – 2002).

Und nun zu Ihnen: Nehmen Sie das Projekt „Umsatzverdoppelung" mit Lust und Leidenschaft in Angriff!

Nach dieser Lektüre kennen Sie die cleversten Tricks und Geheimnisse der Umsatzstärksten. Sie können aus einer Flut von Anregungen schöpfen. Jetzt müssen Sie mit viel Schmackes und einer Portion Mut Ihre ganze Motivation und Energie in eine Waagschale werfen. Um als Fazit meines Buches in Ihrem Geschäft noch höhere Gewinne zu erzielen.

Der Schlüssel zu dieser gebündelten Produktivität ist das Flow-Prinzip. Eine alles entscheidende schöpferische Leidenschaft – erforscht von eben diesem Psychologen, Wissenschaftler, Unternehmensberater Csíkszentmihályi, den man übrigens Tschik-sent-miheili ausspricht.

9.1 Der Flow-Kanal

Aber wie lässt sich Flow erklären? Dazu drei Sinnbilder.

Erstes Sinnbild: Stellen Sie sich vor, Sie sitzen als Sozius auf einem Motorrad. Auch wenn Sie das im realen Leben niemals tun würden. Der Biker ist Ihnen unbekannt. Sie kennen weder seine Fahrpraxis noch die Maschine noch die Strecke – und es schüttet aus Kübeln. Der Wahnsinnstyp fährt wie der Teufel. Legt sich waghalsig in die Kurven. Die Straße: glitschig. Ihre Nerven flattern. Sie wissen nicht mehr, wie und wo Sie sich festklammern sollen. Sie sehen sich schon zerfetzt im Straßengraben … Wie fühlen Sie sich dabei? Ganz klar: absolut unsicher, panisch, von Angst gepackt. Nicht gut. UNSICHER.

Zweites Sinnbild: Sie sitzen wieder auf der Maschine. Inzwischen vertrauen Sie dem Fahrer. Sie schätzen ihn. Sie wissen jetzt, wie gut, wie sicher, wie bedacht er fährt. Sein wilder Ritt von damals ist Ihnen bis heute ein Rätsel. Sie kennen jetzt nicht nur sein fahrerisches Können. Sie kennen das Fahrverhalten des Motorrads, die Strecke bis ins kleinste Detail – und die Sonne strahlt. An diesem Tag macht Ihr Biker-Freund auf gemütlich, fährt fast schon langsam. Wie fühlen Sie sich jetzt? Bestimmt entspannt, vielleicht sogar schon etwas gelangweilt. Genau das Gegenteil des ersten Sinnbilds. SICHER.

Drittes Sinnbild: Sie tippen dem Fahrer auf die Schulter und bedeuten ihm, auf die Tube zu drücken. Der Gute gibt Gas, dass es nur so pfeift und sich ein Kribbeln in Ihrem Bauch breitmacht. Wären Sie jetzt wieder das erste Mal mit dabei, würden Sie denken: Hilfe, der hat doch einen Knall. Aber weil Sie ihn kennen und weil die Straße trocken ist, denken Sie: Wow! Sie befinden sich sinnbildlich in der Mitte beider Situationen: Etwas Angst, aber auch Sicherheit – und alles ist gut. Das ist FLOW. Haben Sie nicht auch schon einmal eine Autobahnausfahrt rasanter genommen als alle anderen? Weil Sie jeden Zentimeter, jede Unebenheit kennen und die Ausfahrt schon öfter gefahren sind als viele andere. Für Sie ganz easy und ein kleiner Spaß – aber Ihrem Beifahrer wird es schlecht. Zurück zu Ihnen. Was fühlen Sie? Richtig – Flow! Also: Immer wenn Sie sich an der Grenze von Sicherheit zu Unsicherheit oder umgekehrt von Unsicherheit zu Sicherheit befinden, sind Sie im Flow. Sie heben ab, fühlen sich beflügelt. Haben aber Kontrolle über Ihr Handeln.

Spitzensportler brauchen dieses Gefühl, um Höchstleistungen zu vollbringen. Freizeitsportler für den besonderen „Kick". Nehmen wir den Skifahrer. Er steht an der Kante zu einem steilen Hang. Tiefschnee. Links und rechts Felsen. Weiter unten eine Hütte und Leute, die zu ihm hinaufstarren. Erwartungsvoll, ob er sich wirklich hinunterstürzt. Der Puls geht schneller. Der Skifahrer hat Respekt. Leichte Angst durchzieht seinen Körper. Dann: Attacke! Er lässt sich auf das Abenteuer, den steilen Tiefschneehang ein. Nach drei, vier Schwüngen kommt er in den Rhythmus.

Er merkt, der Schnee ist super, es läuft wie geschmiert: richtiges Tempo, richtiger Rhythmus, richtig geil (sorry). Das mulmige Gefühl geht in euphorische Sicherheit über. Unbändiger Spaß und Glücksgefühle stellen sich ein … Flow ist im Spiel! Sogar Golfspieler kommen – im Kleinen – in diesen Genuss. Zuerst die Unsicherheit: Werde ich den Ball treffen? Und da spreche ich aus eigener Erfahrung. An alle Nichtgolfprofis: Es ist am Anfang verdammt schwer, das blöde Ding überhaupt zu treffen! Dann klappt es. Klack. Der Ball geht raus – gut, weit und gerade. Aus der Unsicherheit wird Sicherheit: Geht doch! Auch das ist Flow.

Im ganz großen Stil erlebt ein Bungee-Jumper den Adrenalinkick. Er steht oben auf der XXL-Brücke, auf dem 60 m hohen Kran. Fertig angeschnallt, die Hose voll. Denkt: Warum tue ich mir das an? Ein Zurück gibt es aber nicht. Er lässt sich fallen. Das Seil hält, er lebt ☺. Er fängt an, wie verrückt zu juchzen. Flow in Reinkultur.

Noch einmal: Immer wenn aus Unsicherheit Sicherheit wird und umgekehrt – dann kommt der Flow. Oder anders gesagt: Immer, wenn Sie sich in der Mitte zwischen Unterforderung und Überforderung befinden. Und genau diese Erfahrung der mentalen Hochstimmung ist im Verkauf, im Vertrieb, aber auch im Management wichtig. Sehr wichtig sogar. Beispielsweise in der Zielsetzung. Es gibt Verkäufer, Mitarbeiter, die stecken sich sehr hohe Ziele. Zu hohe. Irgendwann kriegen sie Panik, Angst vor der eigenen Courage. Und was passiert dann? Sie resignieren. Sie können keine Spitzenleistungen mehr erbringen. Dann gibt es Mitarbeiter, die stapeln tief, legen sich einfache Ziele zurecht. Zu einfache. Auch die werden keine Spitzenleistungen abliefern. Ein Ziel muss spannend, muss eine Herausforderung sein, ein euphorisches Huuhh-Gefühl auslösen. Aber es muss auch schaffbar sein. Dann erreicht derjenige den Flow-Kanal.

Ähnlich verhält es sich in der Mitarbeiterführung. Ein Angestellter, der Jahre oder sogar Jahrzehnte monoton immer das Gleiche macht, sich in einer Art Komfortzone befindet, erbringt eher selten Spitzenleistungen. Komfort sagt ja auch schon „komm vor". Andere Firmen – zum Beispiel Hardcore-Strukturbetriebe – fordern von ihren Leuten täglich neue, extreme, zum Teil übertriebene Ergebnisse. Die Folge: Frust, Panik, Unsicherheit und vor allem eine hohe Fluktuationsrate.

Das Flow-Prinzip lässt sich auch super auf Situationen mit Kunden übertragen. Auch da gibt es Momente, in denen der Kunde Angst hat, sich unsicher fühlt. Oft ist das schon im Kleinen der Fall, wenn der Kunde in Ihr Geschäft, in Ihr Büro tritt. Das belegen Untersuchungen, die in Fitnessstudios durchgeführt wurden. Demnach steigt der Puls, wenn Sie zum ersten Mal ein Studio betreten.

Auch wenn Sie sich nur erkundigen wollen, was es kostet, wie die Öffnungszeiten sind, ob Yoga angeboten wird und wie es mit Kinderbetreuung aussieht … Die Situation ist eben neu. Völlig anders, als wenn Sie sich zu Hause im Wohnzimmer auf die Couch legen.

Entsprechend ist der Puls zumindest etwas höher, wenn der Kunde auf Sie trifft. Er weiß, es geht um etwas. Vielleicht hat er Vorbehalte. Eine Ausgabe steht bevor. Oder ein Thema muss besprochen werden, bei dem er sich nicht ganz sicher ist. Aus dieser Unsicherheit müssen Sie Sicherheit machen – bei Ihrem Kunden das Flow-Empfinden auslösen: Hier bin ich richtig! Das will ich haben! Ihm die Eintrittssicherheit geben.

Befindet er sich dann durch eine vertrauensvolle Frage nach seiner Erwartung im sicheren Modus, sollten Sie ihn aber auch auf den Boden der Tatsachen zurückbringen. Noch gibt es ja keine Lösung für sein Ansinnen. Sie müssen ihm also seine Defizite aufzeigen, ihn gedanklich an den Straßenrand bringen. Sie schubsen ihn praktisch wieder auf die Gegenseite – und lösen dadurch bei ihm erhöhte Begehrlichkeit aus. Sie bereiten ihm Kopfschmerzen, um ihm dann das Aspirin zu verkaufen. Ein Aspirin ohne Kopfschmerzen macht keinen Sinn. Bei vielen Verkäufern läuft das andersherum: Sie überrumpeln den Kunden sofort mit der Lösung, mit dem Produkt. Sie verschießen ihre Munition.

Deshalb: Der Verkäufer muss sich vorher mit der Angst (dem Mangel, dem Bedarf) des Kunden beschäftigen, für eine gewisse Unsicherheit sorgen, um ihn gierig zu machen. Damit die Lösung, der Kauf des Produkts ihm wie gesagt Sicherheit gibt. Damit nicht genug. Nach dem Kauf kommt die Kaufreue. Das ist psychologisch erwiesen. Bei dem einen Kunden früher, bei dem anderen später. Aber sie kommt. Der Verkäufer muss also mit einer vertrauensbildenden Maßnahme gut nachsorgen, damit der Kunde im sicheren Modus bleibt.

Noch einmal im Klartext: Ein gutes Verkaufsgespräch beinhaltet beide Komponenten – Unsicherheit und Sicherheit.

Das heißt: nie nur Softselling, nie nur Hardselling. Sondern beides – und zwar im Wechselspiel. Erst das gibt dem Verkaufsgespräch die nötige Dramaturgie und vor allem die Wirksamkeit.

Genau diese Feinheiten sind in diesem Kapitel das finale Geheimnis obendrauf.

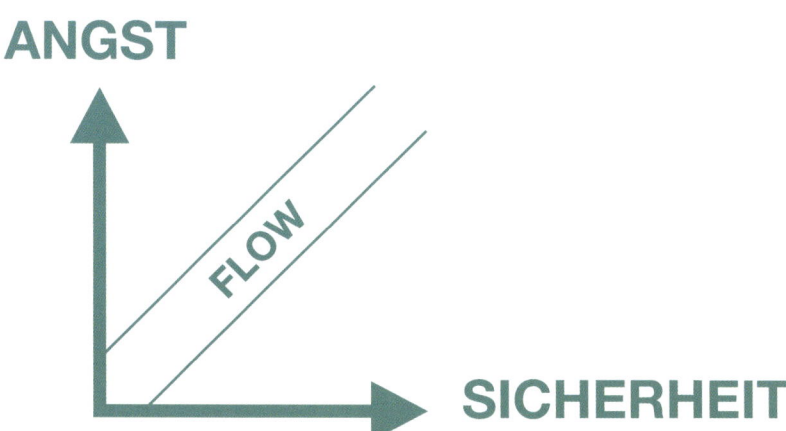

PSSSSST...

Die Kunst der Mitarbeiterführung: die Leute einerseits immer wieder vor Herausforderungen zu stellen. Vor spannende Aufgaben, die vielleicht sogar ein wenig Respekt einflößen, aber auf alle Fälle machbar sind. Andererseits muss der Mitarbeiter dann auch immer wieder die Gelegenheit bekommen, vor der nächsten Herausforderung „durchzuschnaufen". Das ist Flow. Das führt zu Spitzenleistungen.

9.2 Das EKS-Prinzip

Fehlt einer Pflanze ein bestimmtes Mineral, kümmert sie vor sich hin. Auch wenn alle anderen Bestandteile für ihr Wachstum üppig vorhanden sind. Justus von Liebig nannte dieses Phänomen den Minimumfaktor. Auch in Ihrem Geschäft kann die größte Anstrengung verpuffen, wenn Sie den schwächsten Punkt, den Minimumfaktor, nicht beachten. So wie das berühmte auf Sand gebaute Haus. Es kann von dem teuersten Architekten geplant, aus den besten Materialien erstellt sein – es wird nie sicher stehen.

Um Erfolg zu haben, um Ihren Umsatz zu erhöhen, müssen Sie Schwachstellen erkennen, die Zusammenhänge analysieren und sich auf den wirkungsvollsten Punkt konzentrieren. Diese Vorgehensweise, begründet von dem Wirtschaftsexperten Wolfgang Mewes, wird „Engpasskonzentrierte Strategie", kurz EKS, genannt.

Forschen Sie also nach, wo Ihre möglichen Schwachstellen, Ihre Engpässe liegen. Bündeln Sie Ihre Energie auf Dinge, die Sie wirklich nach vorne bringen. Halten Sie sich beispielsweise nicht mit vermeintlichen Verlusten auf. Denken Sie Probleme in eine neue Chance um und machen Sie etwas Besonderes daraus. Verzetteln Sie sich nicht. Lassen Sie alles weg, was nicht den gewünschten Erfolg bringt. Schaffen Sie sich ein Alleinstellungsmerkmal, das Sie von Mitbewerbern unterscheidet. Finden Sie für sich und Ihr Geschäft den ganz bestimmten Nährstoff, der Sie und Ihren Umsatz wachsen lässt.

Wie katastrophal sich die Nichtbeachtung des Minimumfaktors auswirken kann, beweist leider am besten der Absturz der Concorde im Juli 2000. Schuld war ein kleines Stück Blech, das auf der Startbahn lag. Es brachte einen Reifen zum Platzen, ein Stück davon schlug gegen einen Flügel, die Schockwelle beschädigte das Fahrwerk und einen Tank, Treibstoff entzündete sich, ein Triebwerk fiel aus, die Maschine geriet in Schräglage … Das vermeintlich schnellste, sicherste, teuerste, gigantischste Passagierflugzeug der Welt scheiterte an einem 43,5 cm langen Teil. Wenn nur ein für die Rollbahnkontrolle zuständiger Angestellter das Ding weggeräumt hätte, wären 113 Menschen noch am Leben und die Concorde würde vermutlich heute noch fliegen … Bei diesem Unglück ist am empfindlichsten Punkt etwas total schiefgelaufen.

9.3 Die Telemetrie

Stellen Sie sich einen Formel-1-Fahrer vor, der im freien Training, im Qualifying und auch im Rennen einfach nur so seine Runden dreht – ohne Aufzeichnung der Telemetrie-Daten. Unvorstellbar! Warum? Weil die Zahlen aus der Telemetrie dem Fahrer und dem ganzen Team etwas erzählen. Sprachgeschichtlich kommt das Wort Zahlen von erzählen, weil Zahlen etwas sagen. Und genauso wie der Formel-1-Pilot seine Telemetrie-Zahlen erzählen lässt, muss der Verkäufer, Firmeninhaber, Unternehmer seine betriebswirtschaftlichen Zahlen erzählen lassen. Seine Umsatzzahlen, seine Abschlussquote, seine Cross-Selling-Quote, seine Vertragsdichte …

Falls Sie diesen Punkt eher unpopulär finden und schnell abhaken wollen, kann ich Ihnen versichern: Die Supererfolgreichen, die Umsatzverdoppler nehmen diesen Punkt sehr ernst! Sie lassen im konstruktiven Sinn die Zahlen für sich sprechen – und leiten daraus Erkenntnisse ab: „An welcher Stelle kann ich noch etwas optimieren?" Deshalb möchte ich Ihnen ausdrücklich empfehlen: Nehmen Sie sich Zeit für Ihre Zahlen, lassen Sie sie erzählen.

So braucht ein Fitnessstudio zum Beispiel die „Walk-in"-Zahlen: Wie viele sind gekommen, um sich zu erkundigen? Wie viele haben ein Probetraining gemacht? Wie viele haben sich daraufhin angemeldet? Mit welcher Laufzeit? Mit oder ohne Trainerpauschale (= Upselling)? Mit Partner bzw. Freund oder ohne? Mit oder ohne Empfehlung (Empfehlungsquote)?

WIRKSAM...

Leiten Sie aus Ihren Zahlen Lehren ab! In diesem Buch habe ich Ihnen viele clevere Beispiele und raffinierte Tricks verraten. Aber die List ist das eine, die Listen das andere. Und um gute, aussagekräftige Listen aus Umsatzzahlen, Neukundengewinnungszahlen etc. zu bekommen, sollten Sie ebenso gut überlegen, was alles erfasst werden muss. An welchen Schrauben können Sie für ein besseres Geschäft drehen?

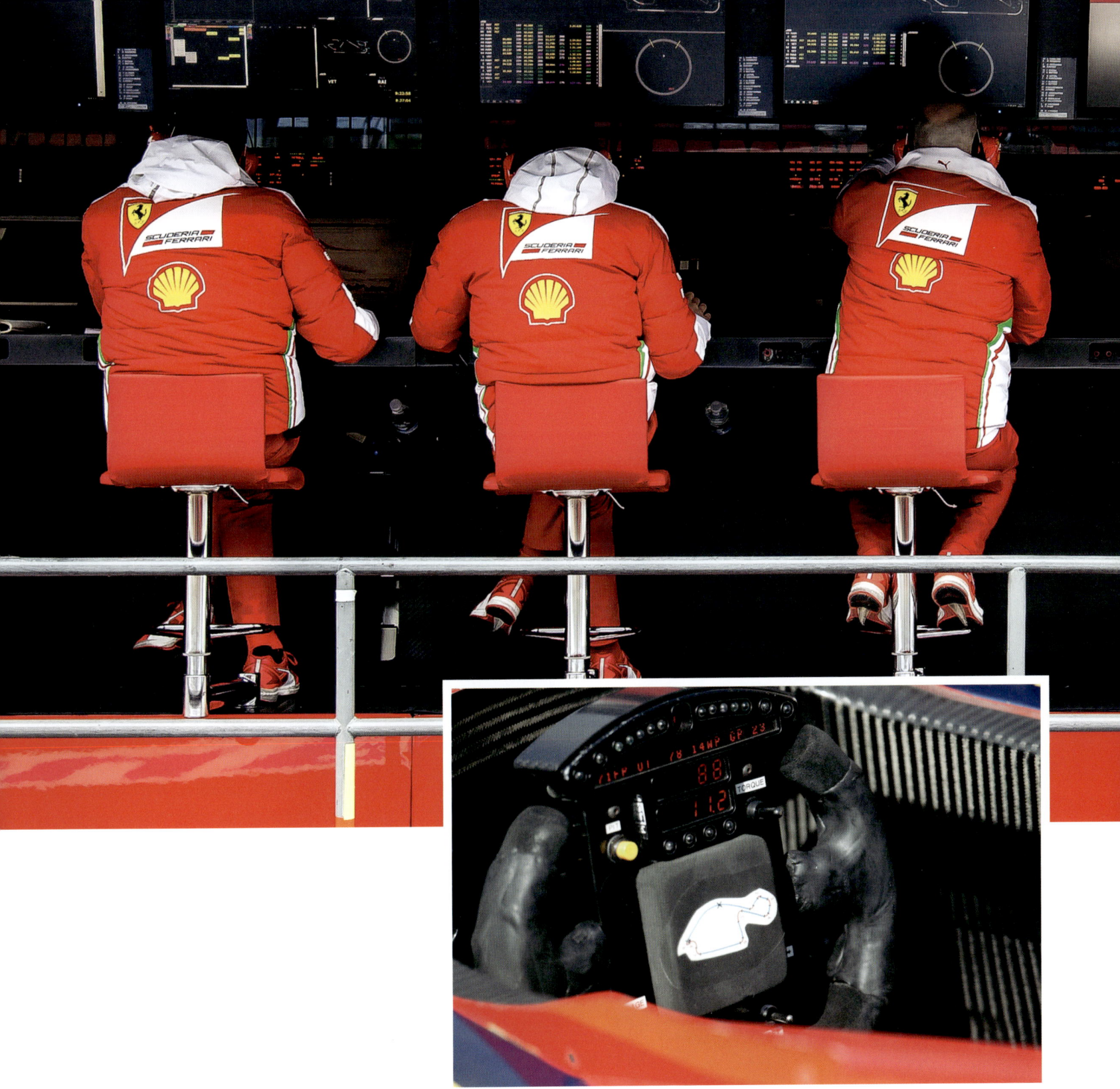

9.4 Der Kölner Dom

Ein Motivationsforscher sucht in einem Steinbruch nach weiteren Erkenntnissen für seine Studien ...

Er geht zum ersten Arbeiter, der ziemlich emotionslos auf einen Felsen einhaut, um Steine herauszuklopfen. Er spricht ihn an und stellt sich vor: „Guten Tag, ich bin Motivationsforscher und würde gerne erfahren und ergründen, was Sie machen, wie Sie es machen und vor allem, ob und wie sehr Sie motiviert sind." Der Arbeiter schaut irritiert und antwortet gelangweilt: „Wieso soll ich motiviert sein, ich muss hier Steine klopfen." Wenig aufschlussreich für den Motivationsforscher. Er marschiert zum nächsten Arbeiter und sagt wieder sein Sprüchlein auf. Aber auch der antwortet wieder: „Warum soll ich motiviert sein, ich muss Steine klopfen." So wie der dritte, vierte, fünfte Arbeiter. Bis der Motivationsforscher ganz hinten im Steinbruch einen Mann entdeckt, der voller Elan und engagiert sein Werkzeug schwingt – fast wie ein kleiner Michelangelo. Der Forscher staunt und denkt: Das gibt es doch nicht. Warum ist der so motiviert, obwohl er auch nur Steine klopft? Er spricht ihn an und fragt. Der Arbeiter blickt überrascht auf und antwortet trocken: „Schauen Sie, die Steine, die ich hier herausklopfe, die sind für den Kölner Dom."

Dieser Mann hatte das große Ganze im Blick. Seine Arbeit nicht als Steineklopfen abgetan, sondern als grundlegende, besondere Aufgabe. Und genau das ist die große Kunst! Egal, ob Verkäufer, Vertriebsleiter, Firmenchef – jeder sollte das Tagesgeschäft nicht als Steineklopfen sehen, sondern im Zusammenhang mit dem großen Ganzen.

Die entscheidende Frage: Was ist Ihr Kölner Dom? Für was rackern Sie sich ab?

Ich verspreche Ihnen: Wenn Sie Ihren Kölner Dom ausgemacht haben, dann sind Sie motiviert. Hoch motiviert, „Steine zu klopfen" – im Alltag auch mal Dinge zu tun, die nicht wirklich übertrieben Spaß machen. Und wenn Sie diesen Kölner Dom kennen, dann haben Sie eine Vision, etwas ganz Großes vor Augen. Und mit dieser Vision, die eine ungebremste, nachhaltige Schubkraft erzeugt, können Sie Riesiges realisieren und unglaubliche Umsätze generieren.

Mein Selbstvertrag

Mein Ziel:
Bis Silvester habe ich meinen Umsatz verdoppelt

Meine To-dos:
„Sauberkeitsgarantie" finden und einführen

Bei jedem Abschluss „und dazu empfehle ich Ihnen …"
sowie Referenzmethode „92 % meiner Kunden …"

Idee für „das Problem daneben" finden

…..

18.4. J. Steineborn

9.5 Der Selbstvertrag

Wie viele Verträge haben Sie mit anderen und für andere gemacht?

Jetzt sind Sie dran! Schließen Sie erstmals mit sich selbst einen Vertrag ab. Nehmen Sie sich in die Pflicht. Jetzt. Sie sind auf dem besten Weg zum Kölner Dom. In Ihnen wächst eine Vision. Sie erleben diese immense Schubkraft, die Ihnen den ganz großen Impuls gibt.

Konzipieren Sie Ihren Vertrag:
Was werden Sie erreichen wollen?
In welchen Schritten werden Sie vorgehen?
Welches zeitliche Ziel setzen Sie sich?
Und unterschreiben Sie Ihren Vertrag.

Buch gelesen, viel gelernt – und jetzt einfach weglegen? So haben wir nicht gewettet. Ich möchte und wünsche mir, dass mein Buch Ihnen diese Selbstverpflichtung wert ist. Dass Sie in einigen Dingen umdenken, Ihren Laden umkrempeln. Dass Sie sich so wie Ihre Kunden in den Flow-Kanal bringen. Bündeln Sie die für Sie kompatiblen Tricks und Geheimnisse der Umsatzverdoppler. Machen Sie das Beste aus Ihrem Geschäft.

Nach der Kür (dem Buch) kommt jetzt die Pflicht (Selbstvertrag).

WICHTIG!

Achten Sie auf die Targets (= taktische Zwischenziele).
Um das Gesamtergebnis wirkungsvoll zu optimieren, geben Sie sich konkret erreichbare Einzelschritte vor, wie zum Beispiel:
Bis Ende der Woche lanciere ich ein Produkt zum Signalpreis.
Gute Targets beantworten immer die berühmten W-Fragen:
was, wann, wo, wie viel …

9.6 Der Viagra-Clou

Kann sein, dass nicht gleich alles klappt. Kann sein, dass trotz Kölner Dom und Selbstvertrag an der einen oder anderen Stelle Knüppel im Weg liegen. Lassen Sie sich davon nicht beirren! Streichen Sie den gängigen Gedanken: Gewinn oder Verlust.

Denken Sie wie ich um. Agieren Sie nach meinem anfangs erwähnten Grundprinzip: Gewinn oder Sinn. Zur Erinnerung: Wenn ich nicht automatisch einen echten erkennbaren Gewinn hinter einer Sache sehe, denke ich nicht mehr in Verlust-Kategorien, sondern in Sinn-Kategorien. Dabei bin ich kein „Rosarote-Brille-Träger". Nein, ich bin Realist und Visionär zugleich. Ich erkenne in dem Verlust die Chance, etwas Neues, etwas Gutes daraus zu machen. Dann, und davon bin ich fest überzeugt, bekommt das Ganze einen tieferen Sinn. Wenn es also Momente gibt, in denen Sie nicht gewinnen, dann konditionieren Sie sich neu. Dann denken Sie um in: Gewinn oder Sinn.

Übrigens ist Viagra ein tolles Beispiel für diesen gedanklichen Looping, wenn es einmal nicht wie gewünscht läuft. Seine Substanz Sildenafil war ursprünglich als Wirkstoff gegen Angina Pectoris vorgesehen. Wie üblich stand vor der Markteinführung ein Test. Freiwillige Probanden sollten das Medikament eine bestimmte Zeit erproben und dann zurückschicken. Aber es passierte etwas völlig Unerwartetes: Die Tester schickten nichts zurück.

Sie hatten DIE wunderbare Nebenwirkung entdeckt. Und die Arzneimittelfirma Pfizer war flexibel genug, alle bisherigen Planungen über Bord zu werfen. Sie schickte Viagra als Potenzpille ins Rennen. Der unglaubliche Erfolg ist bekannt. Ein vermeintlicher Verlust hatte sich im Nachhinein als sehr SINNvoll herausgestellt. Auch als sehr gewinnvoll – und wohl so manche Ehe gerettet und Spaß in die Betten gebracht.

Mag also dieses Buch Ihr „blauer Turbo" werden. Ihre Potenzpille – pardon, Ihre Potenzialpille.

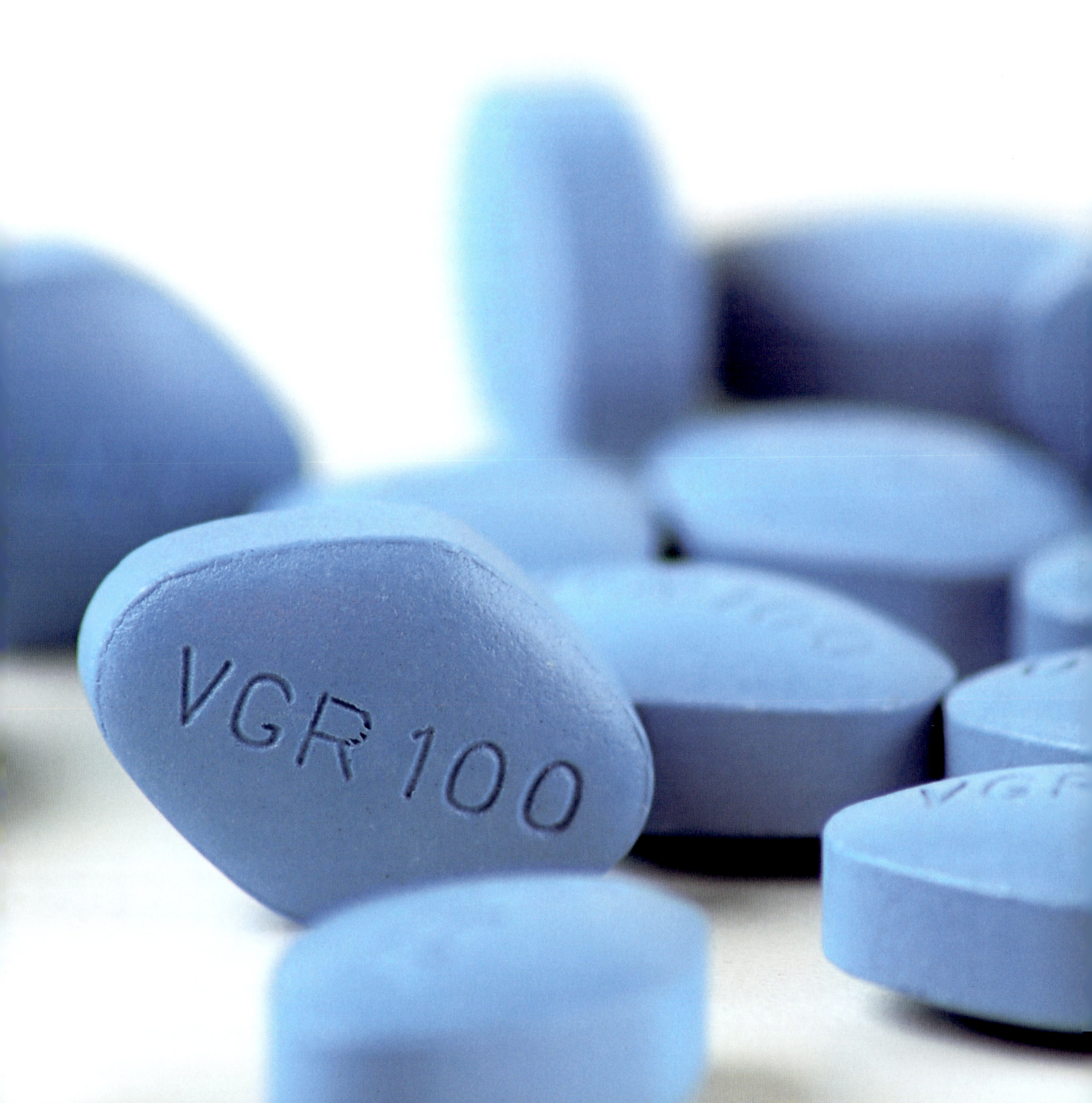

LOS GEHT'S!

Und zwar gleich!

Denn nach dem Buch ist vor der Umsetzung.

Sie wollen Roger Rankel live erleben? Gern.

Der Vortrag

Sichern Sie sich mit Roger Rankel ein Highlight auf Ihrer Veranstaltung. Ob Kick-off, Kongress, Roadshow, Messe, Produktpräsentation oder Vertriebstagung.

Als Begründer des modernen Verkaufens zeigt Rankel eine besondere Auswahl an bewährten Kniffs und wirksamen Tipps. Wie kein Zweiter nimmt er dabei seine Zuhörer in die Pflicht - fordert zum Umdenken und Bessermachen auf.

Roger Rankel ist somit der perfekte Vortragsredner auf Ihrer Veranstaltung.

„Ihr Vortrag war das absolute Highlight unserer Veranstaltung. Sie haben alle Erwartungen übertroffen!"

Jens Geiger, Manager Microsoft Deutschland

Die Themen:

Die Geheimnisse der Umsatzverdoppler

- So machen auch Sie mehr aus Ihrem Geschäft
- Provozieren & manipulieren Sie - aber richtig
- Geniale Ideen „aus der Praxis für die Praxis"

So funktioniert Empfehlungsmarketing heute

- Endlich Empfehlungen statt kalte Akquise
- Die Sauberkeitsgarantie und der Expertenstatus
- Social Media sind gut, echte Kontakte besser

Etwas etwas anders machen …
und dadurch besser verkaufen

- Die wirksamsten Techniken im Verkaufsgespräch
- Kompetenzcheck, Vorabschluss & Zusatzverkauf
- Gesättigte Märkte, verwöhnte Kunden & doch mehr Umsatz

Jetzt Vortrag anfragen:

booking@roger-rankel.de · Telefon: 089 599 88 555 · www.roger-rankel.de

Die Beratung

Sie wollen vertrieblich an den richtigen Schrauben drehen? Suchen Ihre „Sauberkeitsgarantie", einen umsatzfördernden Trojaner, eine Lösung 2. Ordnung oder wollen für Ihre Kunden „Das Problem daneben" lösen?

Dann buchen Sie für eine vertrauensvolle Beratung Roger Rankel.

Durch seine Empathie und durch sein profundes Wissen kann er sich voll und ganz auf Sie und die Interessen Ihrer Firma einlassen und Ihnen nachhaltige sowie gewinnbringende Ideen liefern. Rankels Impulse sind hochwirksam und maximal profitabel.

Schon 500 kleinere Vertriebe, Mittelständler und auch große Konzerne arbeiten erfolgreich nach seiner mehrfach ausgezeichneten Methode der Kundengewinnung & Umsatzsteigerung.

Egal, ob einmalige Beratung oder langfristige Zusammenarbeit: Dort, wo Roger Rankel „anpackt" und sich in Problemstellungen „hineinarbeitet", sind Neukundengewinnung und ein Umsatzplus garantiert.

„Danke für Ihre wertvollen Ideen. Die Beratung mit Ihnen war eine echte Bereicherung für uns."
Mirko Siepmann, Vorstand Bankhaus August Lenz

Jetzt Beratung anfragen:

booking@roger-rankel.de · Telefon: 089 599 88 555 · www.roger-rankel.de

VERTRAUENSSCHUTZ GARANTIERT!

Bitte geben Sie uns bei Ihrer Kontaktaufnahme ein Zeichen, wenn Sie Roger Rankel für eine vertriebliche Beratung vertrauensvoll buchen möchten. Wir sichern Ihnen selbstverständlich absolutes Stillschweigen zu und führen Sie nicht in unserer Referenzliste auf.

DAS
HÖRBUCH SEMINAR
Die Grundlagen des modernen Verkaufens

Verkaufswissen to go
Inhalt: 9 CDs + Bonus

Bitte geben Sie bei der Bestellung das Stichwort "Umsatzverdoppler" an. Dann bekommen Sie das Hörbuch-Seminar zum Sonderpreis von €199,- statt €329,- versandkostenfrei zugeschickt.

Das Hörbuch-Seminar

Genug gelesen. Jetzt gibt´s was auf die Ohren!
10 Stunden Intensiv-Training *to go* in einem exklusiven Hörbuch-Seminar von Roger Rankel.

Machen Sie Ihr Auto zum Hörsaal. Lehnen Sie sich zu Hause zurück. Lassen Sie sich von diesem erfolgversprechenden Coaching-Programm inspirieren, animieren, motivieren.

Hören Sie, wie Sie Ihren Umsatz steigern.
Hören Sie, wie Sie noch besser verkaufen.
Hören Sie, wie Sie Ihr Angebot besser inszenieren.
Hören Sie, wie Sie neue Kunden gewinnen.
Hören Sie, wie Sie etwas etwas anders machen.

Ein Hörgenuss mit Garantie auf Umsatzplus!

„Deutschlands bestes Hörbuch! Ein Muss für jeden erfolgsorientierten Verkäufer.“
Alexander Lößner, Herausgeber Finanzpraxis

„Einmalig, einzigartig und vor allem: einträglich! Für dieses Hörbuch-Seminar mit zahlreichen geldwerten Tipps hätte ich ein Vielfaches mehr bezahlt.“
Sascha Heim, Verkaufstrainer

„Die Jury war sich einig: Das Hörbuch-Seminar ist aus gutem Grund das Hörbuch des Jahres: praxisnah, wirksam, komplett. Hat man das eine, hat man alles, was man braucht!“
Dr. Helfried Schmidt, Vorstand Oskar-Patzelt-Stiftung

Jetzt Hörbuch bestellen:

bestellung@roger-rankel.de · Telefon: 089 599 88 555

Powered by

Als Marketing-Experten wissen wir das kostbare Know-how in der Welt des Verkaufens von Roger Rankel mit all seinen Raffinessen zu schätzen. Es war uns eine große Ehre, ihn bei der Gestaltung seines Buchprojektes sowie dem passenden Relaunch seiner neuen Homepage und entsprechenden Printmedien unterstützen zu dürfen.

Wir wünschen allen Lesern, den cleveren Input von Roger Rankel zu erkennen und auszuschöpfen. Wenn auch Sie Unterstützung in der Umsetzung Ihrer neuen Marketingstrategien benötigen, stehen wir Ihnen gerne mit Rat und Tat zur Seite.

www.artvertisement.de

Quellenverzeichnis

Cover: Richard Föhr

Herzlichen Dank: Cornelia Emilian, ARTVERTISEMENT®,
Ursula Rosengart, privat

Erstes Geheimnis

1.1 Die Sinn-Suche: mr.nico - Fotolia.com

1.2 Via negativa: iStock.com/ismagilov (Büro),

    ekaterina_belova - Fotolia.com (Statue)

1.3 Die Positionierung: Kosta Potezica für Hutschenreuter,

    P1 Gaststätten GmbH, bluedesign - Fotolia.com (Schild)

Zweites Geheimnis

2.1 Die dritte Alternative: TrudiDesign - Fotolia.com (Flasche),

    ARTVERTISEMENT® (Glas), iStock.com/97 (Elektromarkt)

2.2 Die Kontrastmethode: corbis_infinite - Fotolia.com

2.3 Die goldene Mitte: karepa - Fotolia.com

2.4 Der Signalpreis: dusk - Fotolia.com

Drittes Geheimnis

3.1 Die negative Vermutung:

    alotofpeople - Fotolia.com (Hintergrund Familie),

    fotoatelie - Fotolia.com (Rocker)

3.2 Die Irritationsfrage: ARTVERTISEMENT®

3.5 Die Schallplatte mit Sprung: ra2 studio - Fotolia.com

3.6 Die Verpositivierung: diego cervo - Fotolia.com (Mönche),

    Hans Starck, Agentur Scholz&Friends Berlin (Das Handwerk)

3.7 Das Sandwich-Rezept: karandaev - Fotolia.com

3.8 Der Tiefklotzen-Trick: iStock.com/Ercan Sucek, brand.twitter.com

3.9 Die richtige Wortwahl: kasparart - Fotolia.com (Tisch)

    Kzenon - Fotolia.com (Hintergrund, Biergläser)

Viertes Geheimnis

4.1 Der Eisverkäufer: Aleksandar Mijatovic - Fotolia.com

4.3 Das Bandel: al62 - Fotolia.com

4.4 Der Nutzen: Vladimir Kolobov - Fotolia.com

4.5 Das Problem daneben: OZMedia - Fotolia.com

4.6 Die Inszenierung: ARTVERTISEMENT®

4.7 Der Überraschungseffekt: ARTVERTISEMENT®

4.8 Die Beziehungsebene: Stillfx - Fotolia.com

4.9 Die Wegzieh-Falle: ARTVERTISEMENT®

4.10 Die Aspirin-Taktik: Gresei - Fotolia.com

Fünftes Geheimnis

Fünftes Geheimnis: JWS - Fotolia.com

5.1 Der Rockefeller-Streich:

    davizro photography - Fotolia.com (Kaffeemaschine),

    alexmat46 - Fotolia.com (Kapseln)

5.4 Der besondere Köder: ARTVERTISEMENT®

5.5 Die List: iStock.com/andresr

5.6 Das Event: Roger Rankel (Oktoberfest),

    ARTVERTISEMENT® (Einladung),

    BORA (BORA-LKW, Container)

5.7 Das Lock-Angebot: ARTVERTISEMENT®

5.8 Der Zusatznutzen: fottoo - Fotolia.com

Sechstes Geheimnis

6.1 Der Fliegentrick: pbombaert - Fotolia.com (Pissoir),
iStock.com/lestyan4 (Fliege)

6.2 Der Federflaum-Reinleger: avirid - Fotolia.com

6.3 Der Sound-Designer: iStock.com/MorePixels (Frau),
radopix - Fotolia.com (Butterkeks)

6.4 Das blaue Spiegelei: iStock.com/HT-Pix

6.5 Der rote Teller: FC Bayern / Imago,
semnov - Fotolia.com (STOP-Schild)

6.6 Das Kinderfoto: ARTVERTISEMENT® (Kinderfoto),
Studio KIVI - Fotolia.com (Portemonnaie)

6.7 Das Gepäckband: Jever180 - Fotolia.com (Gepäckband),
Klaus Eppele - Fotolia.com (Monitor)

Siebtes Geheimnis

7.2 Das Neighboring: Syda Productions - Fotolia.com

7.3 Die Homeshopping-Partys: iStock.com/rilueda

7.5 Das eigene Buch: panuwatsexy - Fotolia.com (Buch),
GABAL (Motiv Buch), Wolfgang List (Buchpräsentation)

Achtes Geheimnis

8.1 Die Sauberkeitsgarantie: bella - Fotolia.com

8.2 Die Rollator-Teststrecke: ARTVERTISEMENT® (Teststrecke),
Peter Atkins - Fotolia.com (Senioren)

8.3 Die Flugzeugsitze: mariakraynova - Fotolia.com

8.4 Das Steakmesser: Thomas Francois - Fotolia.com (Steak),
ARTVERTISEMENT® (Besteck, Messer)

8.5 Der Expertenstatus: i-picture - Fotolia.com

8.6 Der Kult-Faktor: Udo Walz

8.8 Der Taxi-Turbo: Taxi fabric (Taxi-Fotos)

8.9 Der 5-Euro-Schein:
peshkov - Fotolia.com (Hintergrund),
NorGal - Fotolia.com (Hand),
Rokfeler - Fotolia.com (5- und 10-Euro-Schein)

Neuntes Geheimnis

9.1 Der Flow-Kanal: kunae - Fotolia.com

9.2 Das EKS-Prinzip: Sergey Nivens - Fotolia.com

9.3 Die Telemetrie: iStock.com/Hirkophoto (Lenkrad),
Ivan Garcia / shutterstock.com (Monitore)

9.4 Der Kölner Dom: rcfotostock - Fotolia.com

9.5 Der Selbstvertrag: sassparella - Fotolia.com

9.6 Der Viagra-Clou: jopix.de - Fotolia.com

S. 180 / 181: privat

Der Vortrag: Wolfgang List

Die Beratung: iStock.com/vm

Das Hörbuch-Seminar: Designstudio Monoflosse (Hörbuch-Box),
Minerva Studios / shutterstock.com (Autofahrer)

Powered By: ARTVERTISEMENT®

www.roger-rankel.de